抗磨钢铁材料中强化相的微结构计算与性质研究

种晓宇 著

科学出版社

北京

内 容 简 介

抗磨钢铁材料作为目前广泛采用的一类耐磨材料，应用于冶金、矿山、电力、建材、能源、交通等领域。强化相作为抗磨钢铁材料中的重要组分，在磨损过程中起到抗磨骨架的作用。合金元素种类和含量影响强化相的结构、硬度、脆韧性、热膨胀等热物理性能，从而影响抗磨钢铁整体的耐磨性。但是，由于强化相在钢铁中分散、尺度小，无法进行宏观结构与性能测试；且组成元素复杂，对实验研究也增加了难度。本书采用第一性原理计算结合微观结构和性能表征的方法，对抗磨钢铁中常见多元强化相的结构、力学和热学性质进行研究，并从电子-原子层次揭示不同合金元素对性质影响的本质原因，实现强化相组分、结构和性能的快速筛选与预测，进而指导设计新型高性能抗磨钢铁材料，对新型抗磨钢铁材料的成分设计与性能优化有一定的参考价值。

本书可供钢铁材料和计算材料学专业的高年级研究生及从事相关研究领域的工作者参考使用。

图书在版编目(CIP)数据

抗磨钢铁材料中强化相的微结构计算与性质研究 / 种晓宇著. —北京：科学出版社，2018.12 (2019.11 重印)
ISBN 978-7-03-060252-7

Ⅰ.①抗… Ⅱ.①种… Ⅲ.①钢-抗磨材料-结构计算 ②钢-抗磨材料-结构计算 Ⅳ.①TG141

中国版本图书馆 CIP 数据核字 (2018) 第 296201 号

责任编辑：张　展　叶苏苏 / 责任校对：余少力
责任印制：罗　科 / 封面设计：墨创文化

科学出版社出版

北京东黄城根北街16号
邮政编码：100717
http://www.sciencep.com

成都锦瑞印刷有限责任公司印刷

科学出版社发行　各地新华书店经销

*

2018 年 12 月第 一 版　开本：B5 (720×1000)
2019 年 11 月第二次印刷　印张：11 1/4
字数：227 千字

定价：89.00 元
(如有印装质量问题，我社负责调换)

前　　言

磨损作为材料和设备破坏失效的三种主要方式之一，普遍存在于冶金、矿山、电力、建材、能源、交通等领域，据资料统计，摩擦磨损消耗掉全世界 1/3 的一次性资源，约 80%的机械零件因磨损而失效。因此，开发先进的耐磨材料，从而减少摩擦和磨损，提高资源利用效率，是至关重要的。随着 19 世纪以来钢铁材料的飞速发展，抗磨钢铁成为目前应用最广泛的金属耐磨材料，据统计，2014 年中国钢铁耐磨件市场需求为 450 万 t。

目前对抗磨钢铁材料的研究主要集中在三个方面：一是提高钢铁基体的耐磨性，同时保持其韧性；二是研究强化相的形成、种类、数量、尺寸分布等；三是探究基体与强化相的交互作用和协同性，从而提高钢铁材料整体的耐磨性。硬度是为保证抗磨钢铁构件的服役周期，而韧性是为确保其服役安全性。一般而言，强化相对提高抗磨性起主要作用，而基体起到支撑强化相的作用。对一种优良的耐磨材料来说，既要具有高硬度，又要具有高韧性和强度，如何提高机械零部件的耐磨性并延长其使用寿命，始终是科研工作者最关注的问题。

抗磨钢铁材料的最终性能由其微观组织结构决定，而微观结构取决于其化学组成和加工工艺。目前对加工工艺已实现较精确的控制，但是复杂的化学组成对钢铁性能的影响机制尚不清晰。强化相中合金元素的种类和含量直接影响其硬度、脆韧性及其他热物理性能，从而影响整个钢铁材料的抗磨性。但是目前关于合金元素对抗磨钢铁中强化相的结构与性质影响的定量研究非常少，其原因是强化相在钢铁中比较分散，且尺度较小，无法进行宏观的结构与性能测试；由于大部分碳化物金属性的存在，多种金属元素能够同时固溶到强化相中，形成复杂多元化合物；大部分强化相为亚稳相，很难采用实验合成纯相，对结构与性能的研究增加了难度。对多元强化相的结构与性质研究属于空白，无法针对性地进行强化相的选择与成分控制。

近年来，随着计算材料科学的发展，跨尺度的材料计算与模拟方法集成了以量子力学为基础的第一性原理计算、以热/动力学为基础的相图计算和相场模拟、以数学模型为基础的有限元模拟，成为研究材料微观组织结构与材料宏观性能之间关系的有效方法，是对传统"炒菜式"配方试错法进行材料研究的一个有力补充。

因此，本书以目前先进的抗磨钢铁中典型的强化相为研究对象，采用第一性原理计算，结合微观结构和性能表征方法，建立强化相模型，从电子层次上探究抗磨钢铁中合金元素对强化相的结构、力学和热学性质的影响，将纳米尺度的原子-电子行为与微米尺度的材料微观组织性能联系起来，研究多元强化相的力学和热学性质，从而为强化相种类与性能的选择和调控提供部分指导，为建立抗磨钢铁中强化相结构与性质数据库提供部分有价值的数据，为提高已有抗磨钢铁材料性能、设计新型抗磨钢铁材料奠定基础。本书主要研究内容及结果如下。

根据抗磨钢铁中强化相的形成演化路径，首先从Fe-C相出发，通过理论计算确定初始Fe-C相的结构和性质。研究结果表明：根据强化相的形成演化规律，Fe-C相为钢铁中最原始的强化相。Fe-C相化学键以Fe—C共价键为主，但有较强的金属性和离子性特征。力学性质随C含量的提高而整体提高，为韧性相。θ-Fe$_3$C的各向异性很强。高温下η-Fe$_2$C体积热膨胀系数最大，达到4.5×10^{-5} K^{-1}；θ-Fe$_3$C热导率的各向异性强，其链式、层状结构能够加强声子散射，从而降低热导率。除ε-Fe$_3$C和ε-Fe$_2$C外，其他Fe-C相对于α-Fe和石墨都为热力学非稳定相。

以目前广泛应用的抗磨钢铁中典型的强化相为研究对象，如高铬铸铁中的(Cr,Fe)$_7$C$_3$型强化相、高速钢中的(Fe,M)$_6$C型和MC型(M为过渡金属)强化相等。结果表明，不同成分的抗磨钢铁，其强化相的成分也不同。Fe-12%Cr-4.5%C(质量分数)过共晶高铬铸铁中M$_7$C$_3$初生碳化物结构为六方结构，空间群类型$P6_3mc$，晶胞参数为$a=b$=13.842Å，c=4.495Å，$\alpha=\beta$=90°，γ=120°，原子比Fe∶Cr=4.9∶2.1。强酸萃取得到W6和W18高速钢中纯碳化物粉末，W6高速钢中强化相以M$_6$C为主，并含有V$_8$C$_7$和M$_{23}$C$_6$。M$_6$C的化学计量比为Fe$_{2.39}$W$_{1.14}$Mo$_{1.57}$Cr$_{0.54}$V$_{0.36}$C$_{1.09}$，金属元素以Fe、W、Mo为主，Cr、V含量较少。W18高速钢中强化相以M$_6$C为主，M$_6$C的化学计量比为Fe$_{3.01}$W$_{2.33}$Cr$_{0.38}$V$_{0.28}$C$_{1.06}$，金属元素以Fe、W为主，Cr、V含量较少。

采用第一性原理计算获得含有不同合金元素的多元强化相的力学和热学性质，重点关注其性质的各向异性、脆韧性和热膨胀性等热学性质的变化。总结多元合金化对其性质的影响，从原子-电子层次分析其本质原因。研究表明：B或W掺杂能提高正交结构o-Cr$_7$C$_3$型多元碳化物的热膨胀系数，达到5×10^{-5} K^{-1}。B的掺杂能改善六方结构h-Cr$_7$C$_3$型多元碳化物的抗氧化性。Mo、W以及W+B共掺可以提高h-Cr$_7$C$_3$型多元碳化物的韧性。Cr$_3$Fe$_3$Mo$_{0.5}$W$_{0.5}$C$_2$B同时具有好的力学性能和高的热膨胀系数，达到8×10^{-5} K^{-1}，与钢铁基体热膨胀系数匹配。有序碳空位浓度低于16.7%时，VC$_{1-x}$相稳定性加强，但使VC$_{1-x}$相弹性模量退化。V$_8$C$_7$本征硬度最大，但与VC相比，其高温力学性质差。VC、V$_8$C$_7$和V$_4$C$_3$的杨氏模量沿主轴取得最大值。V$_8$C$_7$的热膨胀系数最大，高温下达到2.8×10^{-5} K^{-1}。基于Bloch-Grüneisen近似得到VC$_{1-x}$相电阻率随温度的变化，与实验值较符合。三元Fe$_{6-x}$M$_x$C(M=W/Mo)相中，当原子比Fe/(Fe+M)>50%后，弹性模量急剧降低。Fe$_2$W$_4$C和Fe$_3$Mo$_3$C的高温力学性质优于Fe$_2$Mo$_4$C和Fe$_3$W$_3$C。Fe$_2$Mo$_4$C和Fe$_3$W$_3$C的热膨胀系数达到0.6×10^{-5} K^{-1}。对于四元(Fe,W,Mo)$_6$C相，当原子比16.7%<

Fe/（Fe+Mo+W）＜50%时，整体化学键合作用强，能够获得高的弹性模量和熔点。

根据理论计算结果，设计与制备相关的抗磨钢铁实验试样，采用纳米压痕等实验方法，测试钢铁中对应强化相的硬度、杨氏模量和断裂韧性等，并与部分理论计算结果进行对比验证，证明钨掺杂能提高过共晶高铬铸铁中初生碳化物断裂韧性。纳米压痕测试表明 M_7C_3 初生碳化物横截面的杨氏模量和硬度略大于纵截面的杨氏模量和硬度，与计算结果相符。采用 NanoBlitz 3D 方法，得到 W6 和 W18 高速钢的杨氏模量和硬度的二维分布与沿 x 轴方向的统计值，W6 中 M_6C 强化相的杨氏模量最大值超过 330 GPa，硬度最大达到 20 GPa；W18 中强化相的杨氏模量最大值超过 350 GPa，硬度最大达到 22 GPa，并与计算值对比，分析差异的原因，说明本书采用研究方法的合理性，预测的结果有助于强化相调控与新型抗磨钢铁材料设计。

本书的主要内容是以著者昆明理工大学种晓宇的博士学位论文《抗磨钢铁材料中强化相的微结构计算与性质研究》为基础的。特别感谢昆明理工大学蒋业华教授、冯晶教授的悉心指导，感谢宾夕法尼亚州立大学刘梓葵教授给予的帮助，感谢葛振华教授在科研上给予的建议。感谢金属先进凝固成形及装备技术国家地方联合工程实验室各位老师的鼓励和帮助。感谢兰州大学彭勇老师课题组给予的透射电子显微镜支持，感谢美国 Nanomechanics 公司 Meng Yujie 博士给予的纳米压痕实验支持。感谢日本电子的工程师给予的电子探针显微分析测试的支持。

最后，感谢家人及其他各位师友给予的支持和帮助!

著　者

2018 年 12 月

目　　录

第1章 绪 论

1.1 研 究 背 景

磨损作为材料和设备破坏失效的三种主要方式之一，其比例占到 60%，磨损普遍存在于冶金、矿山、电力、建材、能源、交通等领域。据资料统计，摩擦磨损消耗掉全世界 1/3 的一次性资源，约 80%的机械零件因磨损而失效。中国工程院研究项目调查显示，2006 年我国摩擦磨损造成的损失为 9600 亿元，约占国内生产总值(gross domestic product，GDP)的 2%[1]。因此，开发先进的抗磨材料，从而减少摩擦磨损，提高资源利用效率，是至关重要的。

抗磨材料按材料组分可以分为金属与合金耐磨材料、陶瓷与陶瓷耐磨复合材料、高分子耐磨材料。其中金属耐磨材料因为兼具高硬度与一定的韧性，同时其成型能力和可加工性较强，在耐磨材料中占据主导地位。随着 19 世纪以来钢铁材料的飞速发展，抗磨钢铁成为主要的金属耐磨材料，可加工成磨球、衬板、轧辊、磨辊、锤头和刀具等。2014 年中国钢铁耐磨件市场需求为 450 万 t[2]。对一种优良的耐磨材料来说，既要具有高硬度，又要具有高韧性和强度，如何提高机械零部件的耐磨性并延长其使用寿命，始终是科研工作者最关注的问题，这些最终都集中反映在对钢铁材料微观组织的研究与控制上。

抗磨钢铁材料是一种铁碳(Fe-C)合金，其组成元素除铁和碳外，为了获得特定的性能，还包含硅、锰、铬、钼、钨、钒、铌、钛和硼等。这些元素以两种形式存在于抗磨钢铁中：一种是以游离态存在于钢铁基体中，形成固溶体，起到固溶强化的作用；另一种则是与其他元素形成化合物，主要是碳化物和硼化物等，起到沉淀强化(第二相强化)的作用。合金元素和碳元素的结合能力与 3d 层的电子数有关[3]，总结如图 1.1 所示。根据合金元素形成碳化物的能力，可将其分为三类。

(1)强碳化物形成元素，如钒、钛、铌和锆等。这类元素只要碳足够，在适当的条件下，就形成各自的碳化物，如 VC、TiC 和 NbC 等；仅在缺碳或高温的条件下，才以原子状态进入固溶体中。

(2)碳化物形成元素，如锰、铬、钨、钼、铁等。这类元素一部分以原子状态进入固溶体中，另一部分形成置换式合金渗碳体，如$(Fe,Mn)_3C$ 和$(Fe,Cr)_3C$ 等，如果元素含量超过一定限度(除锰以外)，又将形成各自的碳化物，如$(Fe,Cr)_7C_3$ 和$(Fe,W)_6C$ 等。

(3)非碳化物形成元素，如硅、铝、铜、镍、钴、磷和硫等。这类元素一般以原子状态存在于奥氏体、铁素体等固溶体中，还有少量可形成金属夹杂物和金属间化合物，如 Al_2O_3、AlN、SiO_2、$FeSi$、$FeAl$、Ni_3Al、MnS 和 $(Fe, Mn)_3P$ 等。有的合金元素如铜、铅等，若含量超过它在钢中的固溶度，则以较纯的金属相存在。

根据碳与合金元素的原子半径比值，可以将抗磨钢铁中的碳化物分为两类：当 $r_碳/r_{合金}<0.59$ 时，形成晶格简单的化合物，称为间隙相；当 $r_碳/r_{合金}>0.59$ 时，形成晶格复杂的化合物，称为间隙化合物。由于碳化物的硬度和强度普遍比基体的硬度和强度大，对于目前大部分的抗磨钢铁材料而言，碳化物作为强化相，主要起到抗磨骨架的作用；基体起到支撑强化相的作用，使之不易从基体中脱落。

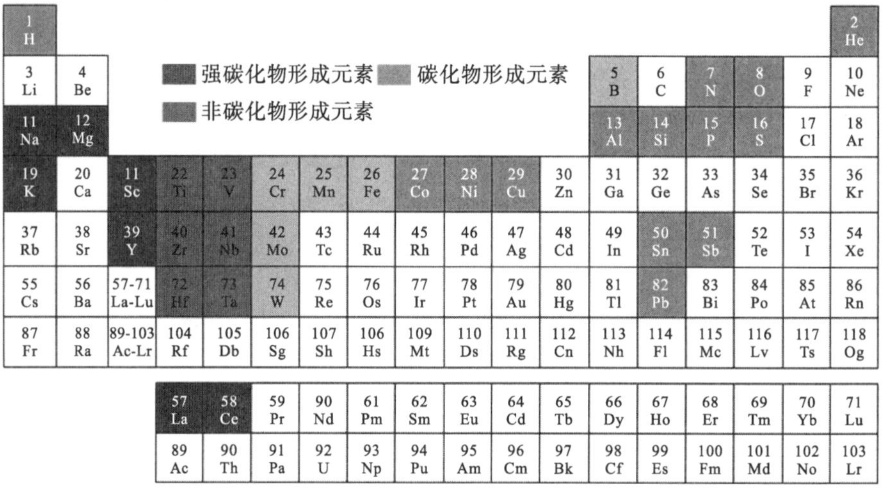

图 1.1　钢铁中形成碳化物能力不同的合金元素

抗磨钢铁材料的最终性能由其微观组织结构决定，而微观结构取决于其化学组成和加工工艺。目前对加工工艺已实现较精确的控制，但是复杂的化学组成对钢铁性能的影响机制尚不清晰，定量厘清各种合金元素在钢铁中的行为及作用机理对提高抗磨钢铁的性能至关重要。强化相中合金元素的种类和含量不同，直接影响其硬度、脆韧性和其他热物理性能，从而影响整个钢铁材料的抗磨性。但是目前关于合金元素对抗磨钢铁中强化相的结构与性质影响的定量研究非常少，其原因是强化相在钢铁中比较分散，且尺度较小，无法进行宏观的结构与性能测试；由于大部分碳化物金属性的存在，多种金属元素能够同时固溶到强化相中，形成复杂多元化合物；大部分强化相为亚稳相，很难采用实验合成纯相，也对强化相结构与性能的研究增加了难度。

近年来，随着计算材料科学的发展，跨尺度的材料计算与模拟方法集成了以量子力学为基础的第一性原理计算、以热力学为基础的相图计算和相场模拟及以数学模型为基础的有限元模拟,成为研究材料微观组织结构与材料宏观性能之间关系的有效方法,是对传统"炒菜式"配方试错法进行材料研究的一个有力补充。本书主要采用基于量子力学的第一性原理计算,结合简单的相图热力学分析,从电子层次上探究抗磨钢铁中合金元素对强化相的结构、力学和热学性质的影响,并通过较先进的微观结构和性质表征方法,将纳米尺度的原子-电子行为与微米尺度的材料微观组织性能联系起来,从而有目的地选择和调控强化相的种类与性能。本书为建立抗磨钢铁中强化相结构与性质数据库提供部分有价值的数据,为提高已有抗磨钢铁材料性能、设计新型抗磨钢铁材料奠定基础。

1.2　抗磨钢铁材料概述

抗磨钢铁材料是目前应用最为广泛的耐磨材料,目前的研究主要集中在三个方面:一是提高钢铁基体的耐磨性,同时保持其韧性;二是研究强化相的形成、种类、数量、尺寸分布等;三是探究基体与强化相的交互作用和协同性,从而提高钢铁整体耐磨性。硬度是为了保证抗磨钢铁构件的服役周期,而韧性是为了确保其服役安全性。一般而言,强化相的硬度和耐磨性远大于基体,对提高抗磨性起主要作用,而基体起到支撑强化相的作用。

1.2.1　抗磨钢铁材料分类

目前常用的抗磨钢铁材料包括高锰钢和中锰钢、耐磨合金钢、耐磨合金铸铁[1]。陶瓷颗粒增强钢铁基复合材料以钢铁为基体、以陶瓷颗粒为抗磨强化相,因此陶瓷颗粒增强钢铁基复合材料与抗磨钢铁材料关系密切,可看作抗磨钢铁材料的极端情况。抗磨钢铁材料的发展也大致经历了下述阶段,它们都有各自的特点。

1. 高锰钢和中锰钢

高锰钢锰含量为11%～25%,中锰钢锰含量为5%～9%,碳含量为1.05%～1.40%,不含有其他贵金属元素。锰元素固溶于基体和碳化物中,造成高锰钢和中锰钢具有一定的强度、韧性较高、加工硬化性能优异而得到广泛应用。由于锰含量和碳含量高,奥氏体相区扩大,钢铸态组织为奥氏体和碳化物。经水韧处理后,高锰钢碳化物大部分固溶于奥氏体中,因此钢的塑性和韧性较好,裂纹扩展慢,服役安全性高。由于优异的加工硬化性能,在冲击载荷和接触应力作用下,表面硬度快速升高,抗磨性很好,适用于高冲击载荷或高应力的磨损工况。中锰钢经水韧处理后能保留较多的碳化物,并且因锰含量降低,奥氏体稳定性降低,若再进行沉淀强化处理,析出碳化物,其在非强烈冲击工况下的耐磨性高于高锰钢。

2. 耐磨合金钢

耐磨合金钢一般指加入除铁之外的较多种合金元素的耐磨钢铁，其耐磨性优于耐磨锰钢。按照化学元素含量，可以分为耐磨低合金钢（合金元素总质量分数≤5%）、耐磨中合金钢（5%＜合金元素总质量分数＜10%）、耐磨高合金钢（合金元素总质量分数≥10%）。由于合金元素种类和含量较高，各种合金元素在钢铁中作用复杂，造成钢铁性能变化较大。合金元素大部分参与形成强化相，在碳含量较一致的情况下，强化相的含量取决于所加合金元素的量。耐磨低合金钢和中合金钢的综合力学性能较好，成本较低，用在矿山机械、水泥、电力、农业机械等的耐磨零部件中。耐磨高合金钢中合金元素多，强化相含量高，不仅能用于磨料磨损，还可用于高速摩擦磨损、腐蚀磨损和高温磨损等更为严酷的工况。高速工具钢为一种典型的耐磨高合金钢，合金元素对其性能影响巨大，尤其是合金元素形成的强化相的种类和性能，直接影响高速钢的抗磨性和热硬性等。图 1.2 为 M2高速钢（各化学元素质量分数为 6% W、5% Mo、4% Cr、2% V）铸态微观组织形貌图[4,5]。从图 1.2(a)可知，M2 高速钢铸态组织中含有块状的 MC 型、层片状的 M_2C型和鱼骨状的 M_6C 型强化相，图 1.2(b)和(c)为 M_2C 型和 M_6C 型强化相立体形貌。但是目前对不同种类合金元素形成的典型强化相的微观结构与性能研究较少，因此本书选择典型高速钢中的常见强化相作为研究对象。

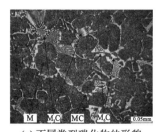
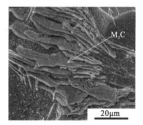
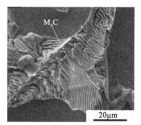

(a) 不同类型碳化物的形貌　　　(b) M_2C型碳化物的立体形貌　　　(c) M_6C型碳化物的立体形貌

图 1.2　M2 高速钢铸态微观组织

3. 耐磨合金铸铁

耐磨合金铸铁也是一种典型的抗磨材料。根据铸铁中富碳相的存在形式，可以将耐磨合金铸铁分为耐磨白口铸铁和耐磨球墨铸铁。根据合金元素的种类与含量，耐磨白口铸铁可分为普通白口铸铁、镍硬铸铁和铬系白口铸铁。耐磨球墨铸铁主要包括马氏体球墨铸铁、贝氏体球墨铸铁和中锰球墨铸铁。铬系白口铸铁的抗磨性比普通白口铸铁强，当铬含量为 1%～5%时，为低铬铸铁，碳化物为含铬的合金渗碳体 $(Fe,Cr)_3C$；当铬含量为 5%～12%时，为中铬铸铁，碳化物既含有 $(Fe,Cr)_3C$，又含有 $(Fe,Cr)_7C_3$；当铬含量大于 12%时，为高铬铸铁，碳化物以高

硬度的 $(Fe,Cr)_7C_3$ 为主，同时根据铬碳比不同会伴随有部分 $(Fe,Cr)_{23}C_6$ 或 $(Fe,Cr)_3C$。当铬碳比大于 5 时就可获得大量的 M_7C_3 型碳化物，此种碳化物一般呈六角形杆状及板条状，均匀、不连续地分布在基体中。碳含量为 4.30%～6.69% 的过共晶高铬铸铁中强化相含量高，抗磨性好，但是凝固过程中初生的 $(Fe,Cr)_7C_3$ 型碳化物呈孤立的六棱柱杆状，脆性大，在铸铁使用过程中碳化物易折断，因此，目前改善 $(Fe,Cr)_7C_3$ 的形态分布和本征脆性是研究的重点。本书将过共晶高铬铸铁中的 M_7C_3 型碳化物作为研究对象，探究合金元素对 M_7C_3 型碳化物力学和热学性质的影响。

4. 钢铁基耐磨复合材料

钢铁基耐磨复合材料是目前快速发展的一类耐磨材料，其结构类似于硬质合金，但是增强颗粒的体积分数比硬质合金小。制备方法包括原位自生和外加增强颗粒法。通常采用铸渗法将高硬度的陶瓷颗粒局部复合在零件的工作表面，既能提高构件的耐磨损性能，又能保证其整体韧性，大幅度提高零件的耐磨性并延长使用寿命。目前常用的增强颗粒包括 WC、Al_2O_3、ZrO_2 增韧 Al_2O_3 和 TiC 等，根据不同的工况，基体主要为高铬铸铁、高锰钢、低合金钢或球墨铸铁等。目前钢铁基耐磨复合材料的制造成本仍然较高，并且如何解决部分陶瓷颗粒增强相与基体的界面润湿性、热物理性能的匹配性是主要问题和研究重点[6]。

1.2.2　强化相的种类与作用

由于工业中对抗磨钢铁材料性能的要求日渐提高，抗磨钢铁的基体组织从铁素体和珠光体发展到现在的马氏体与贝氏体，基体的性能提升已接近极限。目前的研究重点多集中在强化相的控制与性能改进。抗磨钢铁材料中含有的碳化物形成元素种类较多，并且碳化物中存在一定金属键特征，造成碳化物通过原子替换固溶其他合金元素形成复杂的多元固溶体，这是钢铁中的强化相与传统化合物单相的主要区别。而其固溶度与原子半径、最外层电子数及点阵类型有关。

根据实验统计，抗磨钢铁中碳化物强化相的类型主要包括以下几种[7]。

(1)NaCl 型(B1 型)面心立方点阵结构的 MC 相，如 VC、NbC、TaC、TiC、ZrC、HfC 等，其中非金属原子常形成空缺，使得非金属元素和金属元素的比小于 1，如 VC 中 C 含量在 0.7～1 变化、NbC 中 C 含量在 0.4～1 变化、TiC 中 C 含量在 0.5～1 变化，因此钢铁中通常存在的 VC 和 NbC 的化学配比分别为 $VC_{0.875}(V_8C_7)$、$NbC_{0.875}(Nb_8C_7)$。MC 相中的金属元素可完全相互固溶，形成 $(V,Ti)C$ 等类型化合物。

(2)简单六方点阵结构的 MC 和 M_2C 相，如 MoC、WC、Mo_2C 和 W_2C，以及具有复杂六方点阵结构的 M_7C_3 相，如 Cr_7C_3 和 Mn_7C_3 等。Mo_2C 和 W_2C 之间

可完全互溶。Cr_7C_3 中可大量固溶 Fe、Mn，还可适当固溶 W、Mo、V 等元素。

(3) 具有复杂立方点阵结构的 $M_{23}C_6$ 相，如 $Cr_{23}C_6$、$Mn_{23}C_6$、$Fe_{21}Mo_2C_6$ 和 $Fe_{21}W_2C_6$ 等，$Cr_{23}C_6$ 中可最多固溶 25%Fe，还可固溶部分 Mn、Mo、W、V、Ni 等元素。

(4) 具有复杂立方点阵结构的 M_6C 相，如 Fe_3Mo_3C 和 Fe_3W_3C 等。M_6C 相中 W、Mo 原子可互相无限置换。

(5) 具有复杂正交点阵结构的 M_3C 相，如 Fe_3C 和 Mn_3C 等，并且可完全相互固溶，形成 $(Fe,Mn)_3C$。Fe_3C 中可最多固溶 28%Cr、14%Mo、2%W 或 3%V，形成合金渗碳体。

正是由于抗磨钢铁中多种合金元素能够溶入强化相中替换主要的金属原子和非金属原子，形成复杂多元碳化物，并且强化相尺寸小、分布分散，所以目前的实验方法难以确定强化相的具体化学组成及性能。这也是目前建立抗磨钢铁中强化相结构和性能定量关系的难点。

钢铁中强化相的形成目前有两种途径：一是在钢铁凝固过程中，碳化物形成元素直接与碳原子结合形成相应类型的碳化物，一定量的其他合金元素固溶到碳化物中；二是铁原子与碳原子形成不同晶格类型的 Fe-C 亚稳相，其他合金元素不断固溶进 Fe-C 亚稳相中置换铁原子，形成具有相同晶格类型的复杂多元碳化物。因此首先研究 Fe-C 相结构与性质是非常必要的，钢铁中强化相的类型及形成演变过程如图 1.3 所示。

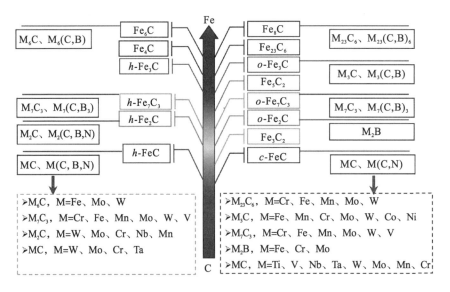

图 1.3　钢铁中强化相的类型及形成演变过程

1.3　抗磨钢铁中强化相的研究现状及问题

强化相作为抗磨钢铁中的重要组成部分，对抗磨钢铁的性能起到至关重要的作用。目前国内外对抗磨钢铁中强化相的研究主要集中在以下几个方面。

1. 强化相的种类演变和晶体结构

西安交通大学马胜强、邢建东等采用透射电子显微镜（简称透射电镜）研究了 18%Cr-4%Ni-1%Mo-3.5%B-0.27%C（质量分数）钢中过共晶硼化物和二次析出相的晶体结构、化学组成及与基体的取向关系，如图 1.4 所示。结果表明硼化物为富铬和富钼的 M_2B 型硼化物，化学组成为 $Fe_{(1.35\sim1.36)}Cr_{(0.92\sim1.05)}B_{0.96}$ 和 $Fe_{0.73}Cr_{0.45}Mo_{0.78}B$，正交结构的富铬 M_2B 相与马氏体基体位向关系为 $<110>_{M_2B}//<110>_{\alpha}$，二次硼碳化物 $M_{23}(C,B)_6$ 的化学组成为 $(Fe_{18.26}Cr_{4.74})(B,C)_6$ 和 $(Fe_{3.86}Cr_{3.14})(B,C)_3$，并能够转化为 $M_7(C,B)_3$[8]。他们也对 20% Cr（质量分数）过共晶高铬铸铁中 M_7C_3 型碳化物的晶体结构、结晶生长方式和化学组成进行了研究[9]。孙志平、王军等对高铬白口铸铁中二次碳化物的晶体结构及其演变过程进行了研究[10,11]。河南科技大学徐流杰等对高钒高速钢中碳化钒的细微结构进行分析，发现碳化钒主要有两种类型：简单立方结构的 V_8C_7 和简单六方超点阵结构的 V_6C_5[12]。北京工业大学符寒光等研究了 Fe-B-C-Cr-Al 合金中硼化物的结构及晶体学信息，探讨了 Cr 和 B 含量对硼化物演变的影响[13]。Takahashi 等采用三维原子探针研究了钢中碳化钒析出过程[14]。刘文庆等通过三维原子探针法研究了铌钒合金钢中碳化物的析出过程[15]。Wiengmoon 等研究了 30% Cr-2.3% C（质量分数）铸铁中 $M_{23}C_6$ 型二次碳化物与奥氏体基体的位向关系，并研究了二次碳化物与 M_7C_3 共晶碳化物的生长机制[16]。Carpenter 等结合高分辨透射电镜和动力学模型研究了 Cr 含量 26.6% 的白口铸铁中 $(Fe,Cr)_7C_3$ 堆垛层错的形成过程[17]。Christodoulou 和 Calos 采用质量平衡方程和结构分析方法建立了 Fe-Cr-B-C 中化学组成和 $(Cr,Fe)_2B$ 晶格常数、数量的关联，对抗磨 Fe-Cr-B-C 合金的设计具有重大的意义[18]。

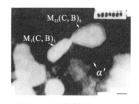 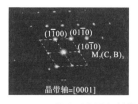 

(a) 沿[0001]晶带轴的$M_7(C,B)_3$的　(b) $M_7(C,B)_3$的选区电子衍射像　(c) $M_{23}(C,B)_6$的选区电子衍射像
　　明场透射电镜像

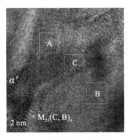
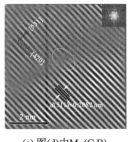

(d) 950℃保温4h后的　　　　　　(e) 图(d)中M₂₃(C,B)₆的　　　　　(f) M₂₃(C,B)₆与基体界面的
Fe-B钢的高分辨透射电镜像　　　　　傅里叶变换图像　　　　　　　　　傅里叶变换图像

图 1.4　18% Cr-4% Ni-1% Mo-3.5% B-0.27% C(质量分数)钢的微观结构表征

2. 强化相的形貌控制

抗磨钢铁中强化相的形貌对钢铁的整体性能影响很大，一般要求强化相均匀独立分散。Anijdan 等研究了钨对高铬白口铸铁磨蚀行为的影响，发现钨能够细化共晶碳化物[19]。邢建东等采用 Ti 和 Nb 元素对过共晶高铬铸铁进行变质处理，发现 Ti 形成 TiC 作为形核核心存在于 M₇C₃ 的边缘，Nb 形成 NbC 能够细化 M₇C₃ 并使其形状更为圆润[20,21]。柳青采用 K/Na 变质剂对高铬铸铁进行处理，发现 K/Na 可以显著改善高铬铸铁中初生碳化物和共晶碳化物的形貌，使初生碳化物由粗大的板条状转变为细小的杆状或块状，并且在基体中的分布更加均匀[22]。李秀兰分析了 Al-Mg 和 V-Ti 对过共晶高铬铸铁变质机理的影响[23]。符寒光等用 Re-Mg-Ti 对高碳高速钢复合变质，结果表明，复合变质不仅能细化高速钢基体，还能使共晶碳化物由层片状变成球状[24]。师晓莉采用单一变质剂稀土、镁和 Ti 对 Fe-5%Cr-1.5%B-0.45%C(质量分数)进行孕育处理，研究单一变质剂对强化相形态的影响，同时对不同淬火工艺对硼碳化合物的影响规律进行研究[25]。徐流杰等研究了高钒高速钢中碳化钒的形态，发现变质处理可改善初生碳化钒的形态，而对共晶碳化钒的形态则无明显影响[26]。刘仲礼等研究了不同铬元素对高硼白口铸铁微观组织和性能的影响，发现随硼含量的增加，M₂B 型强化相形貌从连续的网状结构变为较离散分布[27]。冯唯伟研究了氮与稀土的复合加入，改善了 M2 高速钢中网状碳化物的分布，使碳化物平均网格间距减小[28]。吴来磊则研究发现高钒冷硬铸铁中碳化钒呈树枝晶生长，高铌冷硬铸铁(Nb 的质量分数为 5%)中的碳化铌呈不规则块体[29]。碳化钒和碳化铌颗粒的三维形貌如图 1.5 所示[29,30]。深度腐蚀后过共晶、共晶和亚共晶高钒铸铁中碳化钒的形貌如图 1.5(d)～(f)所示[30]。

3. 强化相的力学性质

由于抗磨钢铁中强化相尺寸较小，分散分布，其本征力学性质测定比较困难。西安交通大学皇志富等通过合金化，研究了 W 和 Cr 对高硼钢中 Fe₂B 相断裂韧性与硬度的影响，采用压痕法测定了 Fe₂B 的断裂韧性随合金元素含量的变化，结果发现，在 4%（质量分数）合金含量下，Fe_2B 相的硬度和断裂韧性随合金含量增大而同时提高[31,32]。马胜强等研究了过共晶高铬铸铁中初生 M_7C_3 型碳化物和共晶 M_7C_3 型碳化物的硬度变化，结果发现初生相的硬度大于共晶相[9]。Casellas 等采用纳米压痕仪研究了一种常用高铬高碳工具钢 DIN 1.2379 中 MC、M_6C 和 M_7C_3 型强化相的硬度和模量分布[33]，发现初生 M_7C_3 型碳化物断裂强度的各向异性明显。Coronado 采用定向凝固制备了高铬铸铁，并通过纳米压痕分别研究了 $(Fe,Cr)_7C_3$ 相横截面和纵截面弹性模量、硬度与断裂韧性的区别[34]，发现 $(Fe,Cr)_7C_3$ 相纵截面的断裂韧性和杨氏模量都高于横截面，显示强烈的各向异性。Wu 等采用纳米压痕首次获取了高钒和高铌冷硬铸铁中碳化钒与碳化铌的模量和硬度[35]，并与理论计算结果进行对比。Bon-Woong 等采用自制的弯曲测试设备测量了珠光体钢中单晶渗碳体沿[001]和[100]方向的杨氏模量，并分析了比理论值低的原因[36]。

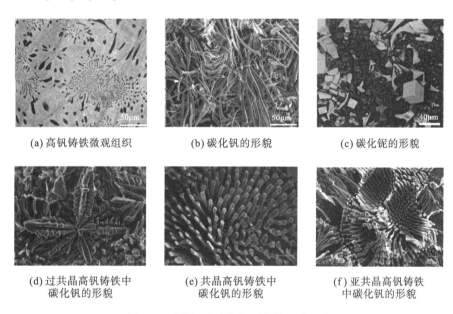

(a) 高钒铸铁微观组织　　　　(b) 碳化钒的形貌　　　　　(c) 碳化铌的形貌

(d) 过共晶高钒铸铁中　　　　(e) 共晶高钒铸铁中　　　　(f) 亚共晶高钒铸铁
　　碳化钒的形貌　　　　　　　碳化钒的形貌　　　　　　中碳化钒的形貌

图 1.5　碳化钒和碳化铌颗粒的三维形貌

4. 强化相纯相的制备与性质研究

Hirota 等采用脉冲电流压力烧结的方法制备了单相 Cr_3C_2、Cr_7C_3 和 $Cr_{23}C_6$，并对其致密的块状样品进行了抗弯强度、硬度和断裂韧性的表征[37]。Umemoto 等采用机械合金化和放电等离子烧结制备了含不同合金的单相 Fe_3C，测定了晶格常数，并且对其硬度、抗压强度和热容等进行了表征[38]。本书也考虑采用过渡金属掺杂的方法来改善 Fe_3C 的力学性能，如加入 Cr 和 Mn 形成 $(Fe,Cr)_3C$ 和 $(Fe,Mn)_3C$，结果表明加入 20%Cr 可以将硬度提高到 12.5GPa，而加入 30%Mn 的硬度可以达到 15GPa。皇志富和马胜强等采用定向凝固法制备了 Fe_2B 单晶，研究了 Cr 掺杂对 Fe_2B 单晶硬度和断裂韧性的影响，并测定了其线膨胀系数[39,40]，发现单晶 Fe_2B 横截面(002)的硬度和断裂韧性高于其他方向，同时，随着 Cr 掺杂量的增加，横向的断裂韧性先提高再降低，纵向的断裂韧性不断降低；随着 Cr 掺杂量的增加，纵截面的显微硬度先提高再降低，横截面的显微硬度不断降低。他们还采用热压法合成了 o-Cr_7C_3 块体，并测定其硬度和抗弯强度[41]，同时用机械合金化结合放电等离子烧结制备不同 Cr 含量的$(Fe,Cr)_3C$ 块体，发现 Cr 含量的增加能显著提高$(Fe,Cr)_3C$ 块体的硬度和杨氏模量[42]。这些研究对抗磨钢铁中强化相的性能研究提供重要参考，同时对纯相的制备和应用奠定基础。

5. 强化相的结构与性质计算

由于实验很难研究亚稳相和小尺寸相的结构与性能，随着计算材料学的发展，基于密度泛函理论的第一性原理计算为该问题提供了一种解决方法。肖冰等采用第一性原理计算研究了抗磨钢铁中 Cr_7C_3、Fe_3C 和 Fe_2B 的电子结构与力学性质，获得了 Cr、Mo 和 W 等合金元素对 Cr_7C_3、Fe_3C 和 Fe_2B 的电子结构与力学性质的影响，从电子结构和化学键构成上分析原因，并和实验结果进行结合，取得了一系列的成果[43,44]，对抗磨钢铁中强化相的性能改进具有较大意义。Fang 等计算了 Fe_3C、Fe_7C_3 及 ε-Fe_2C 等 Fe-C 化合物的结构和热力学稳定性，发现磁性对其热力学参数的相对值有影响[45]。Jiang 等研究了 Fe_3C 不同方向上的抗拉强度和剪切强度随应变的变化，发现 Fe_3C 在(010)方向上出现加工硬化的现象，其晶体结构、拉伸应力-应变和剪切应力-应变如图 1.6 所示，相关结果对实验研究提供了新的指导[46]。Lv 等研究了 $Cr_{23-x}M_xC_6$ (M=Mo、W，x=0~3) 和 $Fe_{6-x}W_xC$ (x=0~6)的构型、电子结构与力学性质，发现原子占位对其电子结构和力学性质影响很大[47,48]。Xie 等采用晶格反演法研究了三个单相结构 Mn_7C_3、Cr_7C_3 和 Fe_7C_3 的热力学性质与稳定性，结果表明 Cr_7C_3 最稳定[49]。李烨飞等则采用第一性原理计算详细研究了不同结构和组成的碳铬化合物与碳钨化合物的力学性质，为深入研究抗磨钢铁中强化相的形成和性质提供了良好的开端与示范[50,51]。

综上，尽管目前在实验和理论上对抗磨钢铁中强化相的研究都取得了较大进展，但仍存在一定的不足，需要进一步研究和完善。

(1)由于钢铁中碳化物金属性的存在，多种过渡金属能够固溶到碳化物中替换原本的金属原子，但碳化物尺寸较小，目前的成分分析法仅能判断碳化物的类型和元素种类，多元碳化物精确的化学计量比需要进一步确定。

(2)目前对抗磨钢铁中强化相的性质研究主要集中于硬度和断裂韧性，对其弹性模量和热膨胀系数、热导率等热学性质没有进行全面的研究。然而强化相和基体的热物理性质匹配性对抗磨钢铁热处理过程与高温服役过程影响巨大，是热应力和微裂纹产生的原因之一。因此需要完善强化相的热学性质研究。

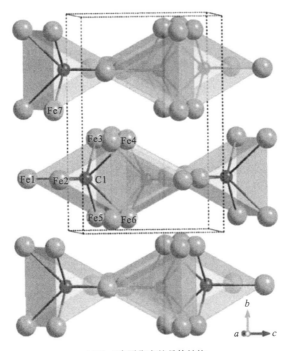

(a) Fe₃C在平衡态的晶体结构

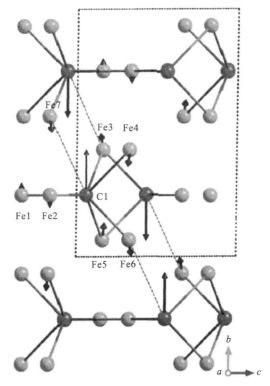

(b) 2%(010)[001]剪切应变下内部原子弛豫后的结构

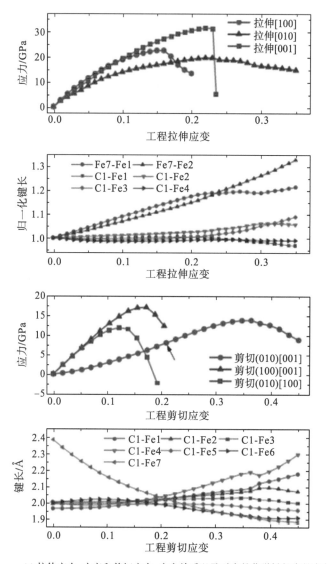

(c) 拉伸应力–应变和剪切应力–应变关系以及对应的化学键长度的变化

图 1.6 Fe₃C 的力学各向异性及加工硬化研究

（3）目前对抗磨钢铁中强化相的实验研究主要集中于高硼钢和高铬铸铁两类抗磨钢铁中强化相的形貌控制与力学性质上，对其他常用的抗磨钢铁如钨钼系高速钢中强化相的力学性质涉及较少。

（4）强化相结构和性质的理论计算仅停留在二元相、三元相的电子结构及 0 K 时的力学性质，多元合金化对强化相性质的影响鲜有涉及，并且强化相更重要的高温力学与热学性质基本空白。因此需要建立更精确的结构模型对多元强化相的高温性质进行计算。

1.4 计算材料学在抗磨钢铁研究中的应用

近年来，随着计算材料科学的发展，材料跨尺度计算与模拟方法集成以量子力学为基础的第一性原理计算、以热力学原理为基础的相图计算和相场模拟及以数学模型为基础的有限元模拟，成为研究材料微观组织结构与材料宏观性能之间关系的有效方法。材料基因组概念的提出进一步推动了计算材料科学应用于材料研发的进程。通过计算-实验-大数据集成的新原理、新方法、新技术研究，最终目标是实现新材料研发周期缩短 1/2，成本降低 1/2。美国西北大学的 Olson 教授采用集成计算材料工程的方法开发了多种新型高强度钢铁材料[52,53]，如 Ferrium S53 和 M54 飞机起落架高强钢。依托其团队成立的 QuesTek Innovations 公司已成功实现商业化运作。

第一性原理计算的优点在于能够由晶体学信息获得亚稳相、微纳米尺度物相的性质，解释实验现象背后的物理本质；而相图计算和相场模拟基于经典热力学与动力学原理，对多相体系的物相组成与演化、结晶生长、扩散等过程进行研究；有限元模拟则侧重于结构设计、加工工艺寻优和服役失效机制模拟。抗磨钢铁材料属于典型的多元多相体系，其完整的设计流程需要以上至少两种方法的耦合。基于此，本书提出的新型抗磨钢铁材料多尺度设计路线图如图 1.7 所示。通过计算工具和实验工具的协同配合，推动钢铁材料从成分设计到成品型材的研发过程，同时完善钢铁材料集成数据库，而数据库的完善又能对计算和实验研究过程提供借鉴，实现抗磨钢铁从微观、介观到宏观的跨尺度设计。而在这一过程中量子力学计算是成分设计的主要工具之一，将其应用于抗磨钢铁材料设计的主要优点如下：从微观尺度分析原子在抗磨钢铁中的行为，从本质上揭示钢铁中第二相的形成；快速大量地获得多元合金化对强化相和基体性质的影响规律；获得常规实验方法难以表征的性质，是对实验研究的有力补充。

应用多尺度的材料计算模拟方法，并结合实验结果，中国科学院金属研究所李殿中等发现一种新的导致通道偏析的原因，即氧化物基夹杂物(Al_2O_3/MnS)上浮力。部分研究结果如图 1.8 所示。该项工作借助第一性原理计算分析微观机理的优势，计算研究了 Mn+nS 团簇在 Al_2O_3 表面的形核生长过程，获得宏观现象背后微观原子的行为，为新的宏观偏析机理提供有力佐证[54]。Liu P T 等还采用第一性原理计算结合动力学的蒙特卡罗模拟，系统研究了低置换浓度过渡金属原子溶质与 α-Fe 中碳原子的相互作用，从合金原子与碳原子微观交互作用上进一步理解了碳的固溶极限、宏观偏析和钢中碳化物的析出行为等实验现象[55]。金属溶质原子与碳原子结合能如图 1.9 所示。

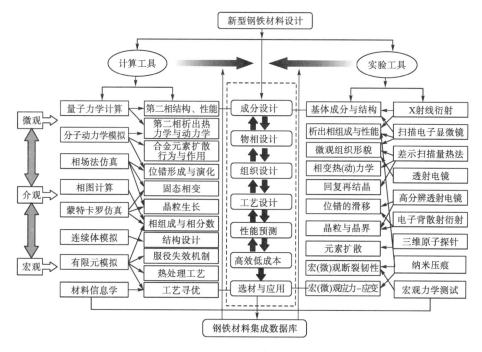

图 1.7　新型抗磨钢铁材料多尺度设计路线图

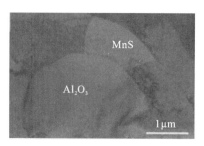

(a) Al₂O₃/MnS复相夹杂物的透射电镜结果

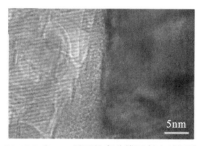

(b) Al₂O₃和MnS界面的高分辨透射电镜图像

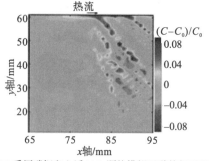

(c) 采用碳钢和上浮Al₂O₃颗粒模拟通道偏析过程

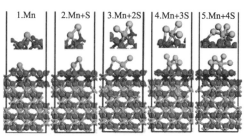

(d) 第一性原理计算模拟Mn+nS团簇在
Al₂O₃的(0001)表面形核过程

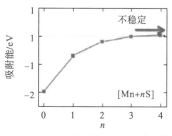

(e) Mn+nS体系在Al₂O₃表面的吸附
能随捕获的S离子数量的变化

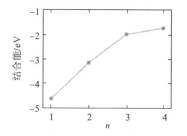

(f) 单个S原子在Mn+nS体系的结合能

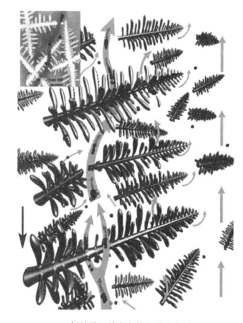

(g) 树枝晶区域夹杂物上浮示意图

图 1.8　大尺寸钢铁铸件中夹杂物上浮力引起的通道偏析研究

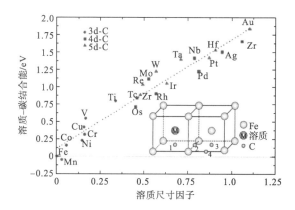

图 1.9　第一近邻构型中溶质原子和碳原子的结合能随溶质尺寸因子的变化

　　基于第一性原理计算的高通量特点，能够快速获得多种合金元素对钢铁性能的影响规律，Olson 等[52]采用全势线性缀加平面波法研究不同合金元素在铁晶格处的脆化效力。如图 1.10 所示，通过计算搜寻得到能够提高铁晶界结合力的有效元素，得到的候选元素如 W 或 Re 等。

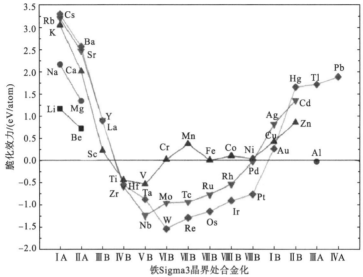

图 1.10　全势线性缀加平面波法预测取代元素在铁晶界处的脆化效力

　　由于目前实验技术的局限，一些无法通过直接实验检测解决的问题，可以通过第一性原理计算进行推进。钢铁中强化相和基体的界面结合强度与钢铁的塑韧性密切相关，若界面结合强度太低，钢铁塑性变形时移动的位错会堆积到强化相和铁基体界面处，引起界面应力，最终造成界面出现裂纹。但是实验上很难定量评估强化相与基体的界面结合强度，利用第一性原理计算可以模拟界面的拉伸测试过程，得到界面分离功，并可以分析界面断裂过程中化学键和电子行为变化，寻找界面强度差异的本质原因[56]。Fe(001)/(TM$_1$,TM$_2$)C 界面结合模型如图 1.11 所示，其中 TM$_1$ 和 TM$_2$ 代表 V、Mo、Nb 和 Ti 等过渡金属元素。

　　实验难以测定的重要力学性质，可以借助第一性原理计算进行预测。例如，不同合金元素在铁基体中形成的无序固溶体的弹性，Zhang H 等采用准确糕模轨道（exact muffin-tin orbitals，EMTO）方法结合相干势近似（coherent potential approximation，CPA）预测 Fe 与 Al、Si、V、Cr、Mn、Co、Ni 和 Rh 形成多元无序合金的单晶弹性常数，如图 1.12 所示，计算模型与工程合金接近，对探究合金元素影响钢铁力学性质的作用很大[57]。材料的各向异性对材料的工程应用影响巨大，但是实验手段很难分析不同条件下力学性质各向异性的变化，Razumovskiy 等采用第一性原理计算结合 EMTO 方法，表征 α-Fe 和 Fe$_{0.9}$Cr$_{0.1}$ 无序合金不同温度下弹性各向异性的差异，获得实验手段难以得到的信息，对新型钢铁材料的工程应用具有很大意义[58]。不同温度下杨氏模量三维各向异性如图 1.13 所示[58]。

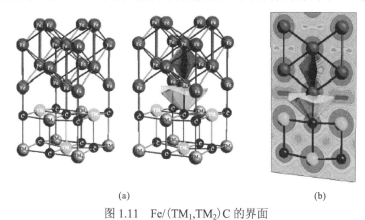

(a)   (b)

图 1.11   Fe/(TM₁,TM₂)C 的界面

(a) 分别代表 C、TM₁、TM₂ 和 Fe 原子；(b) 其中的线表示最大电荷密度的脊线

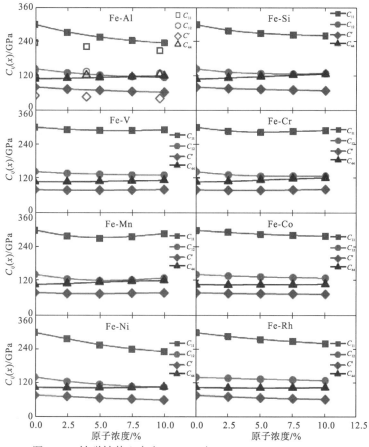

图 1.12   铁磁性体心立方 Fe$_{1-x}$M$_x$（M=Al、Si、V、Cr、Mn、

Co、Ni、Rh，0≤x≤0.1）无序合金的理论单晶弹性常数

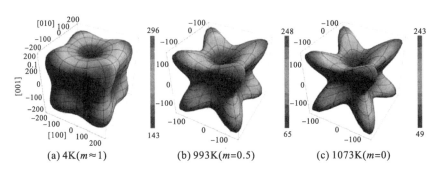

(a) 4K(m≈1)   (b) 993K(m=0.5)   (c) 1073K(m=0)

图 1.13 α-Fe 和 $Fe_{0.9}Cr_{0.1}$ 无序合金不同温度下杨氏模量各向异性图

m 为磁有序参数（magnetic order parameter）

因此，第一性原理计算已广泛应用于钢铁材料研究中。考虑到抗磨钢铁中强化相的特点，本书以第一性原理计算为工具进行研究是恰当的。获得多元合金化对强化相结构、高温力学和热学性质的影响规律，并从微观尺度分析原子在抗磨钢铁中的行为，获得常规实验方法难以表征的性质，揭示其性质差异的本质原因，对实验研究进行补充；通过量子力学计算和部分实验表征，进行成分设计与物相设计，为相关数据库的建立提供数据支持。这些工作是图 1.7 中抗磨钢铁材料设计流程的第一步。

1.5   研究目的和意义

强化相作为抗磨钢铁中的抗磨骨架，其结构和力学、热学性质直接影响抗磨钢铁材料的整体性能，但是其结构多样、组成元素复杂，以多元化合物的形式分散在钢铁基体中，无法进行宏观的结构与性能测试，相关的物理化学性质数据很难获得。同时，大部分强化相为亚稳相，很难采用实验合成纯相，也对强化相结构与性能的研究增加了难度，导致在制备钢铁时无法针对性地进行强化相的选择与成分控制。而这些难点可以通过第一性原理计算来部分解决。因此，本书从目前典型的强化相出发，从生成强化相的抗磨钢铁材料中精确获得强化相的晶体结构和元素组成，以此作为理论计算建模的基础，然后采用第一性原理计算获得多元强化相的平衡结构、力学和热学性质，总结多元合金化对其性质的影响，从原子-电子层次及化学键结构变化揭示其本质原因，初步得到合金元素对强化相结构和性能的影响规律，为目前抗磨钢铁材料性能的提升提供一些新的指导，为新型抗磨钢铁材料的设计指明新的方向。本书主要研究思路见图 1.14。

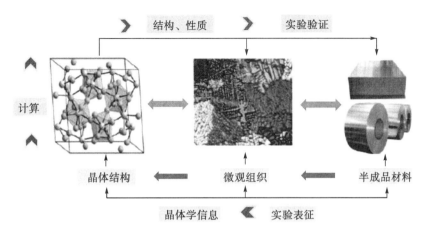

图 1.14　本书主要研究思路

1.6　主要研究内容

(1)以目前广泛应用的抗磨钢铁中典型的强化相为研究对象,如高铬铸铁中的 $(Cr,Fe)_7C_3$ 型强化相、高速钢中的 $(Fe,M)_6C(M$ 为过渡金属)型和 MC 型强化相等。采用先进的结构与成分表征方法,精确获得强化相的晶体结构和元素组成,以此作为理论计算建模的基础与实验依据。

(2)根据抗磨钢铁中强化相的形成演化路径,首先从 Fe-C 相出发,通过理论计算确定初始的 Fe-C 相的结构和性质。采用第一性原理计算获得含有不同合金元素的多元强化相的力学和热学性质,重点关注其性质的各向异性、脆韧性和热膨胀性等热学性质的变化。总结多元合金化对其性质的影响,从原子-电子层次分析其本质原因。

(3)根据理论计算结果,设计与制备相关的抗磨钢铁实验试样,采用纳米压痕等实验方法,测试钢铁中对应强化相的硬度、杨氏模量和断裂韧性等,并与部分理论计算结果进行对比验证。总结分析不同的强化相对抗磨钢铁整体性能的影响,为目前抗磨钢铁材料性能的提升和新型抗磨钢铁材料的设计提供指导。

第 2 章　实验设计及计算方法

本书以抗磨钢铁中典型的强化相为研究对象，选取熔炼含有强化相的高铬铸铁和钨钼系高速钢，然后采用多种实验表征方法确定其中强化相的种类、晶体结构和化学组成。在此基础上更准确地建立晶体结构模型，进而采用理论计算方法获得强化相的结构、力学和热学性质等，并总结合金元素对强化相本征性质的影响。通过实验手段检测强化相力学性质，对部分理论计算结果进行实验验证。本章主要介绍实验材料的制备方法、结构和性质的表征方法及计算方法的理论基础。

2.1　典型抗磨钢铁的制备

2.1.1　铸态过共晶高铬铸铁

工业上广泛使用的高铬铸铁中铬含量控制在 11%～28%，通过提高碳含量来增加碳化物数量。本着节约铬的原则，设计高铬铸铁的碳、铬元素质量分数分别为 4.5%、12%，同时加入 Si 和 Ti 等辅助元素。原材料采购自云南可伦铁合金冶炼有限公司，采用中频感应炉熔炼原材料，铁水出炉温度为 1530℃，浇铸温度为 1490℃。利用水玻璃砂型浇铸标准基尔试块，试块冷却后采用线切割机加工试样，化学分析法检测得到的过共晶高铬铸铁实际化学成分如表 2.1 所示。

表 2.1　设计的 Fe-12%Cr-4.5%C（质量分数）过共晶高铬铸铁实际化学成分

元素	C	Cr	Si	Ti	P	S	Fe
质量分数/%	4.58	12.05	0.55	0.12	0.16	0.053	82.487

2.1.2　高速钢及其热处理

作为典型的工模具钢，高速钢已得到广泛应用，生产工艺非常成熟。本书以典型的通用钨钼系高速钢 $W_6Mo_5Cr_4V_2$（W6）和 $W_{18}Cr_4V$（W18）为例，相关材料采购自上海宝钢特钢有限公司。高速钢已处理成使用态，即经过锻造，800～850℃退火，730～840℃预热，然后 1210～1230℃淬火，油冷，最后 560℃回火 3 次，每次保温 1h。化学分析法检测得到所购高速钢化学成分如表 2.2 和表 2.3 所示，可以看到所购材料成分满足 W18 和 W6 高速钢的成分要求。

表 2.2　W18 高速钢的实际化学成分

元素	W	Cr	V	C	Fe
质量分数/%	17.90	4.15	1.10	0.69	76.16

表 2.3　W6 高速钢的实际化学成分

元素	W	Mo	Cr	V	C	Fe
质量分数/%	5.97	5.06	3.98	1.86	0.83	82.3

2.1.3　纯强化相的萃取方法

为更加准确、方便地表征强化相的形貌、化学组成和晶体结构类型，需要将制备的抗磨钢铁中的强化相提取出来，排除钢铁基体对检测结果的影响。目前常用提取强化相的方法为电解萃取法。本书采用一种更简单高效的方法来提取强化相，避免了复杂的设备和工艺，如图 2.1 所示，将钢铁试样切割成小块状，表面打磨光滑，采用体积分数为 50%酒精和 50%浓盐酸或浓硫酸的混合溶液为腐蚀液，放到加热台上加热煮沸，一定时间后，将试样取出，将腐蚀液真空抽滤获得残渣，将残渣反复用酒精洗涤，放到离心机上离心多次，干燥后即可获得纯强化相粉末。强氧化性酸如硝酸、王水能够使碳化物氧化，因此不适合用作腐蚀液。

(a) 强酸加热设备

(b) 强酸萃取前钢铁的形貌

(c) 强酸萃取后钢铁的形貌

图 2.1　强酸加热萃取抗磨钢铁中强化相的示意图

2.2　结构表征与性能测试

2.2.1　强化相的化学组成与配比

电子探针微区分析(electron probe micro-analysis，EPMA)仪综合了能量色散谱(energy disperse spectroscopy，EDS，简称能谱)和波长色散谱(wavelength dispersion spectrum，WDS，简称波谱)的功能，由于电子束高度汇聚，所以束斑直径较小。通过采用不同的波谱晶体，检测范围覆盖碳、硼等轻元素在内的所有元素种类，可精确分析小尺寸物相的化学组成。由于抗磨钢铁中强化相尺寸较小，组成元素复杂，其他成分分析方法很难给出准确结果。为确定钢铁中强化相的化学计量比，本书采用日本电子生产的 JXA-8530F 型号电子探针微区分析仪进行成分表征，经测试发现，对于抗磨钢铁材料体系，在 10 kV 发射电压下，能够较精确地分析 200 nm 微区内物相的化学组成。图 2.2 为日本电子生产的 JXA-8530F 型号电子探针微区分析仪外观图。

图 2.2　日本电子生产的 JXA-8530F 型号电子探针微区分析仪外观图

2.2.2　强化相的晶体结构表征

采用传统电解抛光减薄法进行块体抗磨钢铁材料的透射电镜制样困难，普通透射电镜样品要求至少在一个维度上厚度不超过 50 nm，而高分辨透射电镜的样品要求厚度为 10 nm。本书采用一种先进的微纳米尺度的加工方法，聚焦离子束(focused ion beam，FIB)技术进行抗磨钢铁透射电镜样品的制样。制样示意图如

图 2.3 所示，首先在取样部位周围挖掉多余样品，然后焊接到专门样品支架上提拉出来，再进行离子束减薄。界面样品需要旋转 90°，切出样品后再连接到一起。加工出试样后，采用 Talos F200X（FEI）型号的场发射透射电镜(field emission transmission electron microscope，FETEM)进行表征，获得明场像、高分辨像和选区电子衍射花样，加速电压为 200 kV。采用能谱进行元素分析，由于透射电镜电子汇聚路径长，束斑集中，其能谱结果相较扫描电子显微镜(scanning electron microscope，SEM，简称扫描电镜)上的更准确。通过透射电镜和能谱表征获得强化相晶体结构与化学元素的配比。

图 2.3　聚焦离子束技术进行透射电镜样品制样示意图

2.2.3　单晶衍射与结构解析

通过透射电镜分析可知抗磨钢铁中强化相都为单晶结构。因此强酸萃取法获得的强化相单晶可以经过衍射数据的还原与校正直接得到其准确的晶体结构类型和原子坐标，为建立强化相的计算模型提供依据。本书采用安捷伦公司生产的单晶衍射仪对 $(Fe,Cr)_7C_3$ 型强化相单晶进行结构解析。

2.2.4　纳米压痕分析力学性质

对抗磨钢铁中强化相的硬度、弹性模量和断裂韧性进行表征非常重要。纳米压痕仪主要用于微纳米尺度物相的硬度与杨氏模量测试，测试结果通过力与压入深度的曲线关系计算得出，无须通过显微镜观察压痕面积。在得到载荷-深度曲线之后，硬度和杨氏模量计算原理为[59]

$$H = \frac{F_{\max}}{A} \tag{2-1}$$

$$E_r = \frac{1-\nu^2}{E} + \frac{1-\nu_i^2}{E_i} \tag{2-2}$$

其中，H 为被测材料的硬度；$F_{\max}$ 为最大载荷；A 为最大载荷下压头尖端和样品的接触面积；E 为模量；E_r 为约化模量；ν 为泊松比；E_i 和 ν_i 为金刚石压头的杨氏模量和泊松比，分别取为 1141 GPa 和 0.07。

　　由压痕造成的裂纹长度与所测材料的韧性息息相关。通过扫描电镜观察测得压痕的裂纹长度后，可以利用下面公式进行碳化物的断裂韧性换算：

$$K_{c} = \frac{X \cdot P}{C^{3/2}} \tag{2-3}$$

其中，K_c 为断裂韧性；X 为残余压痕系数；P 为进行压痕时所加的载荷；C 为测量过程中压痕产生的半裂纹长度；a 为压痕半径，如图 2.4 所示[32]。X 与 E/H 的 0.5 次方成正比，约为 $0.064(E/H)^{0.5}$。硬度可由维氏硬度计或纳米压痕仪测得，模量由纳米压痕仪测得。

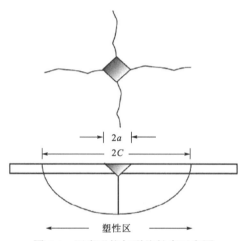

图 2.4　压痕形状与裂纹长度示意图

　　本书主要应用两种纳米压痕仪进行强化相硬度和模量的测试，设备均来自美国 Nanomechanics 公司，采用 iNano 纳米压痕仪中的 NanoBlitz 3D 方法获得抗磨钢铁中强化相的硬度和模量在二维平面上的分布，采用 NanoFlip 纳米压痕仪与扫描电镜联用，可精确获得强化相上某一点的模量和硬度，并观察得到压痕的显微形貌。设备外观如图 2.5 所示。

(a) iNano纳米压痕仪　　　　　(b) 与扫描电镜联用的NanoFlip纳米压痕仪

图 2.5　纳米压痕仪

2.2.5　其他分析表征手段

采用 Leica 金相显微镜对钢铁金相组织进行观察，其中，高速钢经过 4%硝酸酒精溶液腐蚀处理，高铬铸铁采用 $FeCl_3$、盐酸和苦味酸的水溶液进行腐蚀处理。采用日本理学公司生产的 D/Max 2200 型 X 射线衍射（X-ray diffraction，XRD）仪分析强化相物相组成。采用美国 FEI 生产的 Quanta FEG 250 场发射扫描电镜和德国蔡司生产的 EVO 18 钨灯丝扫描电镜进行微观形貌分析，采用配套的能谱进行化学元素分析。

2.3　理论计算方法

本书的第一性原理计算采用 CASTEP 软件包（cambridge sequential total energy package）[60]，使用版本从 MS 5.5 到 MS 8.0，其他数据处理、拟合和力学热学模型全部依靠自编的程序，相关的原始晶体结构常数和原子坐标来自无机晶体结构数据库（inorganic crystal structure database，ICSD）和相关文献的报道。

2.3.1　电子结构与成键分析

电子结构如能带结构和电子态密度的计算基于以下定义[61]：

$$N_n(E) = \frac{N\Omega}{4\pi^3} \int_{BZ} dk \delta[E - E_n(k)] \tag{2-4}$$

其中，k 为波矢；δ 为能量区间；BZ 为布里渊区；$N_n(E)$ 为给定的第 n 个能带对应的电子态密度，描述了体系中能带分布情况；Ω 为原胞体积；N 为晶体中原胞总数，在整个布里渊区进行积分。总态密度（total density of states，TDOS）就是对所有能带允许的电子波矢量求和，从能带极小值积分到费米能级中包含的所有电子态数。分态密度（partial density of states，PDOS）和自旋极化分态密度（spin-polarized partial density of states，SPDOS）是分析单独元素电子能带结构的方法，可以定量分析电子杂化状态、化学成键、电子自旋极化、磁性以及 X 射线光电子能谱（X-ray photoelectron spectroscopy，XPS）峰值的起源等。

布居数分析（population analysis）是对原子轨道上电子占据态的分析，可得到体系成键、价态方面的信息，定量获得成键状态。固体材料中 A 原子上的所有电子数 Q_m 以及 A 和 B 原子之间全部共用电子数 n_m 计算如下：

$$\begin{aligned}
Q_m(A) &= \sum_k W(k) \sum_\mu^{onA} \sum_\nu P_{\mu\nu}(k) S_{\mu\nu}(k) \\
n_m(AB) &= \sum_k W(k) \sum_\mu^{onA} \sum_\nu^{onB} P_{\mu\nu}(k) S_{\mu\nu}(k)
\end{aligned} \tag{2-5}$$

其中，$W(k)$ 为权重；k 为波矢；μ 和 ν 为电子轨道；$P(k)$ 为对应电子轨道的密度矩阵；$S(k)$ 为重叠矩阵。

A 和 B 原子之间布居数越大，说明共用电子数越多，共价键越强，反之则表明 A 和 B 原子之间为弱共价键或离子键，布居数为零表示纯离子键，布居数正负由轨道系数决定，同号时布居数为正，表示电子在成键轨道填充，异号时表明 A、B 原子间电子处于反键态填充，相互排斥。CASTEP 中采用的是 Mulliken 布居数分析方法[62]。

通过统计晶体结构中所有化学键的键长和布居数，可以计算化学键的平均键长和平均键布居数，如式 (2-6) 和式 (2-7) 所示：

$$\overline{L}(AB) = \frac{\sum_i L_i N_i}{\sum_i N_i} \tag{2-6}$$

$$\overline{n}(AB) = \frac{\sum_i n_i N_i}{\sum_i N_i} \tag{2-7}$$

其中，$\overline{L}(AB)$ 和 $\overline{n}(AB)$ 分别为 A 原子与 B 原子形成化学键的平均键长和平均键布居数；N_i 为晶胞中不同键的总个数；L_i 为不同键的键长；n_i 为不同键的布居数。

为了直观地表示原子间电荷转移与成键状态，可以计算体系的差分电荷密度，即原子成键后和成键前的价电子密度之差。具体公式如下：

$$\Delta\rho = \rho_{\text{crystal}} - \sum \rho_{\text{at}} \tag{2-8}$$

其中，ρ_{crystal} 和 ρ_{at} 分别为化合物和参考的自由原子的价电子密度。因此当原子在成键失电子时，$\Delta\rho$ 为负值，否则 $\Delta\rho$ 为正值。

2.3.2 结合能和形成焓

通常采用物相在 0 K 下的结合能和形成焓来判断其热力学稳定性，计算公式如下：

$$E_{\text{coh}}(A_x B_y) = \frac{E_{\text{tot}}(A_x B_y) - x E_{\text{atom}}(A) - y E_{\text{atom}}(B)}{x + y} \tag{2-9}$$

$$\Delta H_r(A_x B_y) = \frac{E_{\text{tot}}(A_x B_y) - x E_{\text{solid}}(A) - y E_{\text{solid}}(B)}{x + y} \tag{2-10}$$

其中，$E_{\text{coh}}(A_x B_y)$ 和 $\Delta H_r(A_x B_y)$ 为平均每个原子的结合能和形成焓；$E_{\text{tot}}(A_x B_y)$ 为 $A_x B_y$ 相的总能量；$E_{\text{atom}}(A)$ 和 $E_{\text{atom}}(B)$ 为每个独立原子的能量；$E_{\text{solid}}(A)$ 和 $E_{\text{solid}}(B)$ 为稳定的固体单质中每个 A 原子和 B 原子的能量，如碳元素的单质取为石墨，铁单质取为 α-Fe。对于热力学稳定结构，结合能和形成焓都为负值，通常情况下认为值越小，形成过程中释放能量越多，体系越稳定。

2.3.3　力学性质及各向异性

1. 弹性常数及模量

CASTEP 中弹性常数的计算方法是应力-应变方法，弹性系数二阶张量由广义胡克定律得到，如式(2-11)所示。在该矩阵中拉格朗日应变与柯西应力都为二阶张量，对不同方向加载微小应变，通过进一步优化晶格中原子位置，计算得到晶格微变形后的应力张量，然后根据应力-应变的关系求得弹性系数[61]：

$$\sigma_{ij} = C_{ijkl}\varepsilon_{kl} \tag{2-11}$$

其中，C_{ijkl} 为弹性系数；ε_{kl} 和 σ_{ij} 分别为应变和应力张量。晶体结构对称性影响独立弹性常数的数量，对称性越高，独立弹性常数的数量越少。以单斜晶系为例，由于低对称性，它含有 13 个独立的弹性常数，应力-应变关系的展开形式如下：

$$\begin{bmatrix} \sigma_1 \\ \sigma_2 \\ \sigma_3 \\ \tau_4 \\ \tau_5 \\ \tau_6 \end{bmatrix} = \begin{pmatrix} C_{11} & C_{12} & C_{13} & 0 & C_{15} & 0 \\ C_{12} & C_{22} & C_{23} & 0 & C_{25} & 0 \\ C_{13} & C_{23} & C_{33} & 0 & C_{35} & 0 \\ 0 & 0 & 0 & C_{44} & 0 & C_{46} \\ C_{15} & C_{25} & C_{35} & 0 & C_{55} & 0 \\ 0 & 0 & 0 & C_{46} & 0 & C_{66} \end{pmatrix} \begin{bmatrix} \varepsilon_1 \\ \varepsilon_2 \\ \varepsilon_3 \\ \gamma_4 \\ \gamma_5 \\ \gamma_6 \end{bmatrix} \tag{2-12}$$

其中，C_{ij} 为非零二阶弹性常数；σ_i 和 τ_i 为法向应力和剪切应力；ε_i 和 γ_i 为轴向应变和剪切应变。采用两种应变模式来计算弹性常数 C_{ij}：

$$\boldsymbol{\varepsilon}^{\mathrm{T}} = \eta \begin{bmatrix} 1 & 1 & 1 & 1 & 1 & 1 \end{bmatrix} \tag{2-13}$$

$$\boldsymbol{\varepsilon}^{\mathrm{T}} = \eta \begin{bmatrix} 1 & 1 & 1 & 0 & 1 & 0 \end{bmatrix} \tag{2-14}$$

其中，$\boldsymbol{\varepsilon}^{\mathrm{T}}$ 为应变矩阵的转置；η 为拉格朗日应变。

在得到晶体的独立弹性常数后，其多晶的弹性模量如体模量(B)、剪切模量(G)和杨氏模量(E)都可以通过多晶 Voigt-Reuss-Hill(VRH)近似算法计算得到，每种晶型的计算公式不同[63]。在计算得到弹性常数后，可以通过 Born-Huang 力学稳定性判据来判定其晶格力学稳定性，不同晶型的判据公式也不相同[64]，在此不一一列出。

2. 力学各向异性

基于单晶的弹性常数 C_{ij} 及其逆矩阵弹性柔度系数 S_{ij}，可以表征单晶体模量、杨氏模量和剪切模量的各向异性，在球坐标下，能够得到非常直观的弹性模量各向异性三维曲面图及其在二维晶面上的投影，不同晶系的弹性模量对方向的函数如下[65]。

1)体模量

对于正交晶系，

$$B^{-1} = (S_{11} + S_{12} + S_{13})l_1^2 + (S_{12} + S_{22} + S_{23})l_2^2 + (S_{13} + S_{23} + S_{33})l_3^2 \quad (2\text{-}15)$$

式 (2-15) 同样适用于四方晶系和立方晶系，即 $S_{11}=S_{22}$、$S_{44}=S_{55}$ 时的情况。

对于六方晶系，

$$B^{-1} = (S_{11} + S_{12} + S_{13}) - (S_{11} + S_{12} - S_{13} - S_{33})l_3^2 \quad (2\text{-}16)$$

2) 杨氏模量

对于正交晶系，

$$E^{-1} = S_{11}l_1^4 + S_{22}l_2^4 + S_{33}l_3^4 + (2S_{12} + S_{66})l_1^2l_2^2 + (2S_{13} + S_{55})l_1^2l_3^2 \\ + (2S_{23} + S_{44})l_2^2l_3^2 \quad (2\text{-}17)$$

式 (2-17) 同样适用于四方晶系和立方晶系，如四方晶系，只需令 $S_{11}=S_{22}$、$S_{44}=S_{55}$。

对于六方晶系，

$$E^{-1} = (1 - l_3^2)^2 S_{11} + l_3^4 S_{33} + l_3^2(1 - l_3^2)(2S_{13} + S_{44}) \quad (2\text{-}18)$$

对于单斜晶系，

$$E^{-1} = l_1^4 S_{11} + l_2^4 S_{22} + l_3^4 S_{33} + 2l_1^2l_2^2 S_{12} + 2l_1^2l_3^2 S_{13} + 2l_1^3l_3 S_{15} + 2l_2^2l_3^2 S_{23} \\ + 2l_1l_2^2l_3 S_{25} + 2l_1l_3^3 S_{35} + l_2^2l_3^2 S_{44} + 2l_1l_2^2l_3 S_{46} + l_1^2l_3^2 S_{55} + l_1^2l_2^2 S_{66} \quad (2\text{-}19)$$

3) 剪切模量

由于剪切模量的应力和应变互相垂直，并不在一个方向上，故其真正的三维图形很难做出，常用扭转实验来表征剪切模量，故本书利用扭转模量 (G_T) 的三维各向异性近似表示剪切模量的各向异性，其表达式如下。

对于立方晶系，

$$G_T^{-1} = S_{44} + 4[(S_{11} - S_{12}) - 0.5S_{44}](l_1^2l_2^2 + l_2^2l_3^2 + l_1^2l_3^2) \quad (2\text{-}20)$$

对于正交晶系，

$$G_T^{-1} = 2S_{11}l_1^2(1 - l_1^2) + 2S_{22}l_2^2(1 - l_2^2) + 2S_{33}l_3^2(1 - l_3^2) - 4S_{12}l_1^2l_2^2 - 4S_{13}l_1^2l_3^2 \\ - 4S_{23}l_2^2l_3^2 + 0.5S_{44}(1 - l_2^2 - 4l_2^2l_3^2) + 0.5S_{55}(1 - l_2^2 - 4l_1^2l_3^2) \\ + 0.5S_{66}(1 - l_3^2 - 4l_1^2l_2^2) \quad (2\text{-}21)$$

对于六方晶系，

$$G_T^{-1} = S_{44} + [(S_{11} - S_{12}) - 0.5S_{44}](1 - l_3^2) + 2(S_{11} + S_{33} - 2S_{13} - S_{44}) \cdot l_3^2(1 - l_3^2) \quad (2\text{-}22)$$

其中，S_{ij} 为弹性柔度系数；l_1、l_2 和 l_3 为方向余弦，在球坐标内 $l_1 = \sin\theta\cos\varphi$，$l_2 = \sin\theta\sin\varphi$，$l_3 = \cos\varphi$。

除了采用上述方法表征晶体的力学各向异性，还可采用通用各向异性指数 (A^U)、分各向异性指数 (A_B 和 A_G) 以及剪切各向异性因子 (A_1、A_2 和 A_3) 来表征弹性各向异性，计算公式如下：

$$A^{\mathrm{U}} = 5\frac{G_{\mathrm{V}}}{G_{\mathrm{R}}} + \frac{B_{\mathrm{V}}}{B_{\mathrm{R}}} - 6 \geqslant 0 \tag{2-23}$$

$$\begin{cases} A_B = \dfrac{B_{\mathrm{V}} - B_{\mathrm{R}}}{B_{\mathrm{V}} + B_{\mathrm{R}}} \\ A_G = \dfrac{G_{\mathrm{V}} - G_{\mathrm{R}}}{G_{\mathrm{V}} + G_{\mathrm{R}}} \end{cases} \tag{2-24}$$

$$\begin{cases} A_1 = \dfrac{4c_{44}}{c_{11} + c_{33} - 2c_{13}} \\ A_2 = \dfrac{4c_{55}}{c_{22} + c_{33} - 2c_{23}} \\ A_3 = \dfrac{4c_{66}}{c_{11} + c_{22} - 2c_{12}} \end{cases} \tag{2-25}$$

其中，B_{V}、B_{R}、G_{V} 和 G_{R} 表示采用 Voigt 和 Reuss 方法预测的体模量与剪切模量。对于通用各向异性指数（A^{U}）和分各向异性指数（A_B 和 A_G），其值越大，表示弹性模量的各向异性越强。A_1、A_2 和 A_3 分别表示（100）、（010）和（001）晶面上的剪切模量各向异性，三个值越一致，表示晶体剪切模量各向异性越弱。

3. 本征硬度

目前材料本征硬度（H_{v}）的计算模型有很多，合适的硬度模型要根据材料的化学键状态等因素确定，Chen 等基于材料的弹性模量，提出一种简单的预测模型（以下简称 Chen 模型）[66]：

$$H_{\mathrm{v}} = 2\left(k^2 G\right)^{0.585} - 3 \tag{2-26}$$

其中，k 为普氏模量比，$k = (B/G)^{-1}$。

Tian 等在模型（2-26）的基础上提出了一种改进模型（以下简称 Tian 模型），如式（2-27）所示[67]：

$$H_{\mathrm{v}} = 0.92k^{1.137}G^{0.708} \tag{2-27}$$

Gao 从材料硬度的本质出发，提出硬度近似等于单位面积内的共价键对压头的阻碍，因此决定材料硬度的主要是共价键的强度和共价键的密度。利用化学键的布居数分析，计算出每种化学键的硬度，进而计算出材料的本征硬度，其表达式如下[68]：

$$v_{\mathrm{b}}^{\mathrm{u}} = \left(d^{\mathrm{u}}\right)^3 V \bigg/ \sum_{v}\left[(d^{\mathrm{v}})^3 N^{\mathrm{v}}\right] \tag{2-28}$$

$$H_{\mathrm{v}}^{\mathrm{u}} = 740P^{\mathrm{u}}\left(v_{\mathrm{b}}^{\mathrm{u}}\right)^{-5/3} \tag{2-29}$$

$$H_{\mathrm{v}} = \left[\prod^{\mathrm{u}}\left(H_{\mathrm{v}}^{\mathrm{u}}\right)^{n^{\mathrm{u}}}\right]^{1/\sum n^{\mathrm{u}}} \tag{2-30}$$

其中，H_v 为化合物的硬度；H_v^u 为 u 型化学键的硬度；v_b^u 为 u 型化学键的体积；P^u 为 u 型化学键的 Mulliken 布居数；d^u 为 u 型化学键的键长；d^v 为 v 型化学键的键长；n^u 为 u 型化学键的数量；N^v 为晶胞内 v 型化学键的总数。该模型对于共价键晶体非常适用。但由于其仅考虑共价键对硬度的贡献，忽略其他化学键的作用，对于离子晶体和合金材料可能导致预测的共价键密度过大，预测的硬度过高。

2.3.4　准谐近似

第一性原理计算的力学性质都是在 0 K 下获得的，不同温度下热学性质的计算需要考虑晶格振动，并采用新的近似模型。若将晶格中原子的振动过程全部考虑为简谐振动，原子相对位置不变，则温度的上升不会导致晶格总体积的变化。因此需要在原子二阶振动方程上加入三阶修正项，以此来考虑晶格振动中的非谐效应，此方法称为准简谐近似(quasiharmonic approximation，QHA)，简称准谐近似。基于声子振动谱计算的亥姆霍兹自由能(F_{ph})为[69,70]

$$F_{ph} = \frac{1}{2}\sum_{q,\upsilon}\hbar\omega_{q,\upsilon} + k_B T \sum_{q,\upsilon}\ln\left[1 - e^{-\hbar\omega_{q,\upsilon}/(k_B T)}\right] \tag{2-31}$$

其中，q 和 υ 分别为波矢量和带指数；$\omega_{q,\upsilon}$ 为 q 和 υ 处的声子频率；T 为热力学温度；k_B 和 $\hbar$ 为玻尔兹曼常数和约化的普朗克常数。对于导体，热电子对亥姆霍兹自由能(F_{el})的贡献为

$$F_{el} = \int n(\varepsilon,V)f\varepsilon d\varepsilon - \int^{\varepsilon} n(\varepsilon,V)\varepsilon d\varepsilon \\ + Tk_B \cdot \int n(\varepsilon,V)\left[f\ln f + (1-f)\ln(1-f)\right]d\varepsilon \tag{2-32}$$

其中，$n(\varepsilon, V)$ 为电子态密度；f 为费米分布；ε 为费米能。则特定温度和压力下的吉布斯自由能($G(T,P)$)由式(2-33)得到[70]

$$G(T,P) = \mathop{\min}_{V}\left[U(V) + F_{ph}(T,V) + F_{el}(V,T) + PV\right] \tag{2-33}$$

其中，$U(V)$ 为在 0 K 和体积 V 下的统计内能。

基于晶格振动的等容热容(C_V)和振动熵(S_{vib})分别由式(2-34)和式(2-35)得到

$$C_V = \sum_{q,\upsilon}k_B\left[\hbar\omega_{q,\upsilon}/(k_B T)\right]^2 \frac{e^{\hbar\omega_{q,\upsilon}/(k_B T)}}{\left[e^{\hbar\omega_{q,\upsilon}/(k_B T)} - 1\right]^2} \tag{2-34}$$

$$S_{vib} = -k_B\sum_{q,\upsilon}\ln\left[1 - e^{-\hbar\omega_{q,\upsilon}/(k_B T)}\right] - \frac{1}{T}\sum_{q,\upsilon}\frac{\hbar\omega_{q,\upsilon}}{e^{\hbar\omega_{q,\upsilon}/(k_B T)} - 1} \tag{2-35}$$

但是对于结构复杂的大型晶胞，计算其声子谱是异常困难的，所得声子谱存在虚频，并且所需计算资源巨大。此种情况下，德拜模型是一种有效方法，即利用德拜积分来近似等于声子频率的积分，符合高通量计算准确高效的要求。德拜模型中对振动亥姆霍兹自由能的表达式为[71]

$$F_{vib}(T,V) = \frac{9}{8}nk_BΘ_D + nk_BT\left[3\ln\left(1-e^{-\frac{Θ_D}{T}}\right) - D\left(\frac{Θ_D}{T}\right)\right] \tag{2-36}$$

其中，n 为每个分子式中的原子数；$D(Θ_D/T)$ 代表德拜积分，定义如下[72]：

$$D(y) = \frac{3}{y^3}\int_0^y \frac{x^3}{e^x-1}dx \tag{2-37}$$

德拜温度 $Θ_D$ 可由弹性模量计算得到

$$Θ_D = \frac{h}{k_B}\left[\frac{3n}{4\pi}\left(\frac{N_A\rho}{M}\right)\right]^{1/3} v_m \tag{2-38}$$

$$v_m = \left[\frac{1}{3}\left(\frac{2}{v_t^3}+\frac{1}{v_l^3}\right)\right]^{-1/3} \tag{2-39}$$

$$v_l = \sqrt{\frac{B+(4/3)G}{\rho}} \tag{2-40}$$

$$v_t = \sqrt{\frac{G}{\rho}} \tag{2-41}$$

或者通过式(2-42)得到

$$Θ_D = \frac{\hbar}{k}(6\pi^2V^{1/2}n)^{1/3} f(\sigma)\sqrt{\frac{B_S}{M}} \tag{2-42}$$

其中，N_A 为阿伏伽德罗常数；ρ 为密度；v_m 为平均声速；M 为摩尔质量；B_S 为等熵体模量；$f(\sigma)$ 可以由式(2-43)得到

$$f(\sigma) = \left\{3\left[2\left(\frac{2}{3}\frac{1+\sigma}{1-2\sigma}\right)^{3/2} + \left(\frac{1}{3}\frac{1+\sigma}{1-\sigma}\right)^{3/2}\right]^{-1}\right\}^{1/3} \tag{2-43}$$

其中，σ 为泊松比，与弹性模量的关系为 $\sigma = (3B-2G)/(6B+2G)$。

采用德拜积分计算等容热容和振动熵的表达式为

$$C_V(T) = 9nN_Ak_B\left(\frac{T}{Θ_D}\right)^3\int_0^{Θ_D/T} \frac{x^4e^x}{(e^x-1)^2}dx \tag{2-44}$$

$$S_{Vib}(T) = nk\left[4D\left(\frac{Θ_D}{T}\right) - 3\ln\left(1-e^{-\frac{Θ_D}{T}}\right)\right] \tag{2-45}$$

为了由式(2-33)获取不同温度下单胞的平衡体积，常采用 Birch-Murnaghan 状态方程拟合不同温度下的亥姆霍兹或吉布斯自由能 F/G-T 曲线，从而得到不同温度下的平衡晶胞体积 V_0、体弹性模量 B_0、偏压系数(即体模量对压强的一阶导数) B_0'。

$$E(V) = E_V + \frac{9V_0B_0}{16}\left\{\left[\left(\frac{V_0}{V}\right)^{2/3}-1\right]^3 B_0' + \left[\left(\frac{V_0}{V}\right)^{2/3}-1\right]^2\left[6-4\left(\frac{V_0}{V}\right)^{2/3}\right]\right\} \tag{2-46}$$

在得到平衡体积后，体积热膨胀系数(coefficient of thermal expension，CTE) β 的计算公式为

$$\beta(T) = \frac{\mathrm{d}V(T)}{V(T)\mathrm{d}T} \tag{2-47}$$

热膨胀与晶体的非谐振度相关，固体的格林艾森(Grüneisen)常数 γ 宏观热力学统计值的表达式为

$$\gamma = -\frac{\mathrm{d}\ln\Theta(V)}{\mathrm{d}\ln V} \tag{2-48}$$

等压热容由体积热膨胀系数和等容热容之间的关系得到：

$$C_p = \beta\gamma C_V T + C_V \tag{2-49}$$

体积热膨胀系数沿不同方向的二阶张量为 α_{ij}，在得到体积热膨胀系数之后，沿不同方向的热膨胀系数可由线性压缩关系近似得到，以正交晶系为例，体积热膨胀系数与不同方向线膨胀系数的关系为[73]

$$\beta = \alpha_a + \alpha_b + \alpha_c \tag{2-50}$$

线膨胀系数与线性压缩系数的比例关系为

$$\frac{\sigma_a}{\sigma_b} = \frac{\alpha_a}{\alpha_b}, \quad \frac{\sigma_a}{\sigma_c} = \frac{\alpha_a}{\alpha_c}, \quad \frac{\sigma_b}{\sigma_c} = \frac{\alpha_b}{\alpha_c} \tag{2-51}$$

线性压缩系数 σ_a、σ_b 和 σ_c 可由以下关系获得

$$\sigma_a = S_{11} + S_{12} + S_{23} \tag{2-52}$$

$$\sigma_b = S_{22} + S_{12} + S_{23} \tag{2-53}$$

$$\sigma_c = S_{33} + S_{13} + S_{23} \tag{2-54}$$

其中，S_{ij} 为弹性柔度系数。

2.3.5　准静态近似

准静态近似(quasistatic approximation，QSA)假设材料弹性随温度的变化是由温度升高导致的体积变化和非谐效应引起的，计算绝热弹性常数(C_{ij}^T)随温度的变化的步骤如下：①采用应力-应变方法计算 0 K 下弹性常数随晶胞体积的变化 $C_{ij}(V)$；②采用准谐近似预测常压下晶胞体积随温度的变化 $V(T)$，即体积热膨胀；③绝热弹性常数随温度的变化可以由上两步综合得到，$C_{ij}(T) = C_{ij}\left[T(V)\right]$[73]。

在实验中，弹性常数的实验值通常等价为等熵弹性常数，因此为了和实验值进行对比，通常要把绝热弹性常数转换为等熵弹性常数(C_{ij}^S)，以立方晶系为例，它们之间的热力学关系可以简化为[74,75]

$$C_{11}^S/C_{11}^T = C_{12}^S/C_{12}^T = C_p/C_V, \quad C_{44}^S = C_{44}^T \tag{2-55}$$

除了采用 Voigt-Ruess-Hill 近似得到不同温度下的弹性模量，通过准静态近似

结合状态方程，体系的等温体模量 B_T 可由式 (2-56) 得到

$$B_T = \frac{1}{\beta}\left(\frac{\partial P}{\partial T}\right)_V \tag{2-56}$$

则等熵体模量 B_S 由等温体模量推导得出

$$B_S - B_T = -\beta\gamma B_T T \tag{2-57}$$

2.3.6　热导率及各向异性

微观热导率模型需要精细的声子谱计算，结合声子弛豫时间近似和输运方程得到，计算量大，不适用于大体系。对于复杂材料体系的晶格热导率，通常采用半经验关系式计算热导率，符合高通量计算中准确高效的要求。高温下，仅考虑声子-声子散射的情况下，通过 Slack 模型可以从理论上预测材料的本征晶格热导率[76]：

$$\kappa_{\text{ph}} = A\frac{\overline{M}\varTheta_{\text{D}}^3\delta}{\gamma^2 n^{2/3}T} \tag{2-58}$$

其中，$\overline{M}$ 为平均原子质量(单位为 kg/mol)；δ 为平均原子直径(单位为 m)；T 为热力学温度；n 为单位晶胞中的原子数；γ 为格林艾森常数，可以通过泊松比(σ)计算得到，或者通过式 (2-48) 计算得到；A 为与 γ 有关的系数 [单位为 W·mol/(kg·m²·K³)]，γ 与 A 可通过式 (2-59) 和式 (2-60) 计算得到[77,78]

$$\gamma = \frac{9\left[v_{\text{l}}^2 - (4/3)v_{\text{t}}^2\right]}{2\left(v_{\text{l}}^2 - 2v_{\text{t}}^2\right)} = \frac{3}{2}\left(\frac{1+\sigma}{2-3\sigma}\right) \tag{2-59}$$

$$A(\gamma) = \frac{5.720\times10^7\times0.849}{2\times\left[1-\left(0.514/\gamma\right)+\left(0.228/\gamma^2\right)\right]} \tag{2-60}$$

热导率在高温下几乎随温度不变，达到极限值，这是由于在高温下声子间散射加剧导致声子平均自由程接近原子间距，同时比热容也达到高温极限。其中原子间距可以用平均原子体积的立方根来近似表达，而声速则由模量得到，比热容则由杜隆-珀蒂定律给出，据此 Clarke 提出了高温极限热导率公式如下[79]：

$$\kappa_{\text{min}} = 0.87k_{\text{B}}N_{\text{A}}^{2/3}\frac{m^{2/3}\rho^{1/6}E^{1/2}}{M^{2/3}} = 0.87k_{\text{B}}\varOmega^{-2/3}(E/\rho)^{1/2} \tag{2-61}$$

其中，m 为晶胞中原子数；ρ 为密度；E 为弹性模量；M 为晶胞原子质量；$\varOmega$ 为有效原子体积，可以表示为

$$\varOmega = \frac{M}{m\rho N_{\text{A}}} \tag{2-62}$$

将式 (2-61) 中的杨氏模量用单晶模量各向异性的表达式替换，可以得到材料极限热导率的各向异性三维表达式，以正交晶系为例，极限热导率对方向的函数关系为

$$\kappa_{\min} = 0.87 k_B \bar{M}_a^{-2/3} \rho^{1/6} \left[S_{11} l_1^4 + S_{22} l_2^4 + S_{33} l_3^4 + (2S_{12} + S_{66}) l_1^2 l_2^2 + (2S_{13} + S_{55}) l_1^2 l_3^2 \right.$$
$$\left. + (2S_{23} + S_{44}) l_2^2 l_3^2 \right]^{-1/2} \tag{2-63}$$

Cahill 等借用德拜的晶格振动理论，通过能量在局域化的振动单元中随机行走计算热导率，在无序或非晶态结构中的表达式为[80]

$$\Lambda_{\min} = \left(\frac{\pi}{6} \right)^{1/3} k_B n^{2/3} \sum_i v_i \left(\frac{T}{\Theta_i} \right)^2 \int_0^{\Theta_i/T} \frac{x^3 e^x}{(e^x - 1)^2} dx \tag{2-64}$$

式 (2-64) 中对三种声子模式 (两支横波和一支纵波) 求和，v_i 为不同模式的声子速度；Θ_i 为不同模式的德拜温度[81]：

$$\Theta_i = v_i (h / k_B)(6\pi^2 n)^{1/3} \tag{2-65}$$

其中，n 为单位体积内原子数密度，式 (2-64) 推导出了不同温度下固体热导率的极限值，其结果很好地反映了非晶体以及无序度较高的晶体材料的热导率。

在高温极限下，式 (2-64) 可以简化为

$$\kappa_{\min} = \frac{k_B}{2.48} n^{2/3} \left(v_1 + v_{t1} + v_{t2} \right) \tag{2-66}$$

其中，v_{t1}、v_{t2} 和 v_1 分别是沿不同方向的横波和纵波波速[82]。计算不同方向的横波和纵波波速，可得到不同方向的极限晶格热导率。采用该模型估计的结果较 Clarke 模型略微偏大。

2.3.7　Bloch-Grüneisen 近似

Bloch-Grüneisen 近似是一种基于德拜模型的半经验方法，考虑了晶格振动引起的导电电子的散射，来计算晶体材料的电阻率随温度的变化[83]：

$$\rho(T) = 4R(\Theta_D) \left(\frac{T}{\Theta_D} \right)^5 \int_0^{\Theta_D/T} \frac{x^5}{(e^x - 1)(1 - e^{-x})} dx \tag{2-67}$$

其中，

$$R(\Theta_D) = \frac{\hbar}{e^2} \left[\frac{\pi^3 (3\pi^2)^{1/3} \hbar^2}{4 n_{\text{cell}}^{2/3} a M k_B \Theta_D} \right] \tag{2-68}$$

式中，Θ_D 为德拜温度；n_{cell} 为平均每个原子的导电电子数；M 为平均原子质量；e 为元电荷；a 为原子平均直径。

Bloch-Grüneisen 近似最初针对单原子金属体系，本书中推广到二元和多元碳化物体系，结果与实验值较为相符。

2.3.8　相图计算

相图计算是运用热力学原理计算系统的相平衡关系并绘制出相图的科学研

究，对体系中相图的部分关键区域和某些关键相的热力学数据进行实验测量就可以优化出吉布斯自由能模型参数，外推计算出整个相图，建立起该体系完整的相图热力学数据库。为了与第一性原理计算的模型和实验结果相对比，本书采用Thermo-Calc 软件简单模拟高速钢和过共晶高铬铸铁凝固过程的相组成变化。

第 3 章　抗磨钢铁中典型强化相的结构确定

高铬铸铁和钨钼系高速钢是抗磨钢铁的典型代表，本书选取其中所含的典型强化相为研究对象，相关材料的成分和制备方法已在第 2 章进行了详细阐述。由于抗磨钢铁中强化相以第二相的形式存在于钢铁中，且尺寸小，能够固溶多种合金元素形成多元复杂物相，元素组成很难定量化，很难制备获取纯相，导致精确的标准 XRD 图谱数据缺失。本章主要利用先进的测试表征方法确定高铬铸铁和钨钼系高速钢中主要强化相的种类、组成成分及晶体结构类型等，从而根据这些信息建立较准确的模型，为后面性质的理论计算提供实验依据。

3.1　过共晶高铬铸铁中的强化相

过共晶高铬铸铁的初生碳化物为 M_7C_3 型碳化物，组织形貌、力学性质已得到国内外学者广泛的研究，其中 M 代表金属元素，以 Fe 和 Cr 为主，也能固溶部分 W、Mo 等元素。根据铬碳比不同，会伴随出现部分 $(Fe,Cr)_3C$ 和 $(Fe,Cr)_{23}C_6$，当碳高铬低时，会出现 $(Fe,Cr)_3C$ 相，当碳低铬高时，会出现 $(Fe,Cr)_{23}C_6$ 相，$(Fe,Cr)_3C$ 相结构和性质无论实验上还是理论上已得到广泛研究，$(Fe,Cr)_{23}C_6$ 相在高铬铸铁中为亚稳相，所占比例和尺寸较小，并不是主要的强化相，也得到充分研究[84]。故本书选择过共晶高铬铸铁中的 M_7C_3 型碳化物进行研究。

3.1.1　强化相的组成与形貌

图 3.1 为采用第 2 章设计的高铬铸铁的成分制备的 Fe-12%Cr-4.5%C（质量分数）过共晶高铬铸铁微观组织图。$(Fe,Cr)_7C_3$ 主要有初生相和共晶相两种类型，初生碳化物横截面呈近六边形，纵截面为条状，共晶碳化物为放射形、长片状。

图 3.2 为深度腐蚀处理后得到的初生碳化物和共晶碳化物的立体形貌。可以发现初生碳化物横截面为六边形，边长可达 100 μm，长度达 500 μm，三维立体形貌为六棱柱状。共晶碳化物为不规则的长片状，尺寸比初生碳化物细小。

图 3.3 为单根初生碳化物的三维立体形貌图，在其表面可以看到明显的螺旋生长的条纹，沿 (0001) 方向择优定向生长为六棱柱状，通过元素分析可知，其主要由 Fe、Cr、C 三种元素组成，且分布较为均匀。

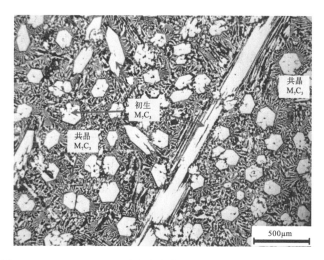

图 3.1　Fe-12%Cr-4.5%C（质量分数）过共晶高铬铸铁显微组织图

(a) 初生碳化物与共晶　　　　(b) 初生碳化物三维立体形貌　　(c) 初生碳化物三维立体形貌
碳化物横截面形貌

图 3.2　M_7C_3 型碳化物形貌

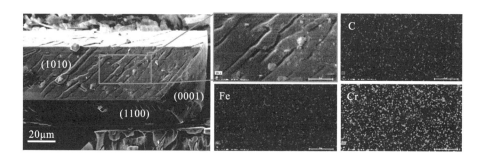

图 3.3　单根初生碳化物的三维立体形貌图和元素分布

3.1.2　强化相晶体结构的实验表征

目前研究表明，过共晶高铬铸铁中 M_7C_3 型碳化物的晶体结构有三种可能的构型，如图 3.4 所示。其晶体结构类型和晶格常数如表 3.1 所示。

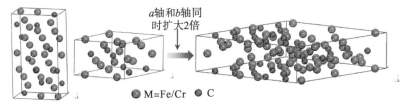

(a) 正交结构(o-M$_7$C$_3$,*Pnma*)　　(b) 六方结构(h-M$_7$C$_3$,*P*6$_3$*mc*)　　(c) 六方结构(h-M$_7$C$_3$,*P*3$_1$*c*)

图 3.4　三种可能的 M$_7$C$_3$ 型碳化物晶体结构示意图

　　两种六方结构的 M$_7$C$_3$ 的晶体结构类似,空间群结构为 *P*3$_1$*c*［图 3.4(c)］的相由空间群结构为 *P*6$_3$*mc* 的相［图 3.4(b)］通过 *a* 轴和 *b* 轴同时扩大 2 倍得到,晶格常数也比较接近,目前高铬铸铁中 M$_7$C$_3$ 型碳化物普遍接受的晶体结构为六方结构,空间群类型为 *P*6$_3$*mc* 或 *P*3$_1$*c*[9]。

表 3.1　三种 M$_7$C$_3$ 型碳化物晶体结构类型和晶格常数

结构	空间群	晶格常数						ICSD
		a/Å	*b*/Å	*c*/Å	*α*/(°)	*β*/(°)	*γ*/(°)	
正交	*Pnma/Pmcm*	4.54	6.88	11.94	90	90	90	#76799
六方	*P*6$_3$*mc*	6.88	6.88	4.54	90	90	120	#76830
六方	*P*6$_3$*mc/P*3$_1$*c*	13.98	13.98	4.52	90	90	120	#52289

　　通过大量实验和成分分析的统计,得到了高铬铸铁中 M$_7$C$_3$ 型碳化物的化学计量比的关系[85],如表 3.2 所示,本书制备的过共晶高铬铸铁 Cr/C=2.7,则 M$_7$C$_3$ 型碳化物中化学配比约为 $(Cr_2Fe_5)C_3$。

表 3.2　高铬铸铁中铬碳比及其对应的 M$_7$C$_3$ 型碳化物的化学计量比

铸件铬碳比	约 2.8	约 4.4	约 5.8	约 7.2	约 9
M$_7$C$_3$ 分子式	$(Cr_2Fe_5)C_3$	$(Cr_3Fe_4)C_3$	$(Cr_4Fe_3)C_3$	$(Cr_5Fe_2)C_3$	Cr_7C_3

　　本书采用强酸萃取的方法,获得过共晶高铬铸铁中单晶的初生碳化物,其三维形貌的光学图像如图 3.5 所示,通过单晶结构解析方法确定 M$_7$C$_3$ 型碳化物的衍射图谱、晶体结构类型和原子坐标。但是由于高铬铸铁中原位生成的碳化物结晶质量不好,无法获得完整的解析数据。由已得到的解析数据可知本书所制备的过共晶高铬铸铁中初生碳化物的空间群类型为 *P*6$_3$*mc*,晶格常数为 *a*=*b*=13.842 Å,*c*=4.495 Å,*α*=*β*=90°,*γ*=120°。

（a）　　　　　　　　　　　　　　　　　　（b）

图 3.5　过共晶高铬铸铁中 M_7C_3 型单晶碳化物的光学显微形貌图

同时，为了进一步表征初生碳化物的微观晶体结构，采用聚焦离子束技术加工出过共晶高铬铸铁中包含初生碳化物和基体界面区域的试样，通过场发射透射电镜分别对初生碳化物和基体进行低倍明场像（bright field transmission electron microscope，BFTEM）、高分辨像（high resolution transmission electron microscope，HRTEM）、选区电子衍射（selected area electron diffraction，SAED）和能谱的检测，如图 3.6 所示。通过标定选区电子衍射的斑点，进一步确定本书制备的过共晶高铬铸铁中初生碳化物为六方结构。通过高分辨透射电镜图片［图 3.6(f)］，可看到碳化物清晰的晶格像，并能计算得到晶面间距为 0.21 nm。由于 C 含量在透射电镜的能谱中依然测量不准确，故仅仅给出了金属元素的相对含量。能谱的结果表明 $(Fe,Cr)_7C_3$ 型初生碳化物中金属元素的比例约为 Fe∶Cr=4.9∶2.1。结果如图 3.6 所示。

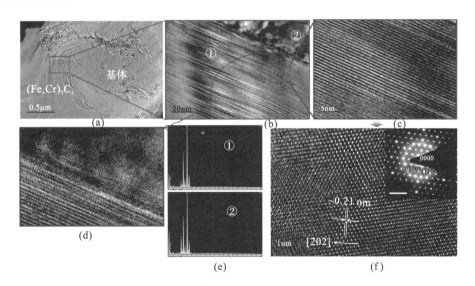

图 3.6　过共晶高铬铸铁透射电镜表征结果

(a)初生碳化物和基体界面区低倍像；(b)初生碳化物和基体界面区放大像；(c)初生碳化物晶格条纹像；(d)初生碳化物和基体界面区高倍像；(e)能谱，其中①为初生碳化物结果，②为基体结果；(f)初生碳化物高分辨像

表 3.3 为由透射电镜的能谱结果计算得到的初生碳化物 $(Fe,Cr)_7C_3$ 和基体中 Fe 和 Cr 的原子计量比，铬元素在初生碳化物和基体中分配的比例约为 3.1：1。

表 3.3 通过能谱分析得到的过共晶高铬铸铁中初生碳化物和基体的化学配比

区域	质量分数/%		原子浓度/%		计算的化学式
	Fe	Cr	Fe	Cr	
初生 M_7C_3	29.09	11.58	31.05	13.28	$Fe_{4.9}Cr_{2.1}$
基体	29.40	3.70	31.90	4.31	$Fe_{4.9}Cr_{0.66}$

图 3.7(a) 为通过聚焦离子束技术制备的高分辨透射电镜样品图片，图 3.7(b) 为初生碳化物的高分辨晶格像及选区电子衍射花样，经过傅里叶逆变换得到的晶格原子像如图 3.7(c) 所示，通过这些结果可以进一步确定初生碳化物为六方晶系的化合物。

  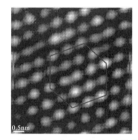

(a) 聚焦离子束技术制备的初生   (b) 初生碳化物的高分辨晶格像   (c) 傅里叶逆变换后初生碳化物
碳化物透射电镜样品   (内嵌图片为选区电子衍射花样)   的晶格原子像

图 3.7 初生碳化物的高分辨透射电镜表征结果

3.2 钨钼系高速钢中的强化相

3.2.1 W6 高速钢中强化相的晶体结构与化学组成

图 3.8(a) 为采用场发射扫描电镜表征的 W6 高速钢中碳化物的显微形貌，样品经过 4%硝酸酒精腐蚀处理。可以发现凸出的碳化物强化相颗粒主要有两种形貌：一部分呈细小的颗粒状，弥散分布于基体上；另一部分呈团块状，主要是高速钢已被热处理成使用态，基体为黑色。图 3.8(b) 为通过强酸腐蚀掉基体后，萃取获得的碳化物粉末的微观形貌，与图 3.8(a) 中小颗粒的形貌一致，说明强酸并未腐蚀碳化物，并且基本上所有碳化物颗粒尺寸都在 5 μm 以下，因此可以推断图 3.8(a) 中团块状的颗粒由尺寸较小的颗粒团聚而成。强化相呈弥散分布，对钢铁的整体性能有利。

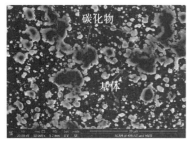

(a) W6 高速钢的场发射扫描电镜图像　　　(b) 强酸萃取的W6高速钢中碳化物的场发射扫描电镜图像

图 3.8　W6 高速钢中碳化物的形貌

　　为进一步分析碳化物的组成和结构，图 3.9 为选取部分碳化物粉末采用能谱面扫描进行元素分析的结果，可以看到 W6 高速钢中碳化物主要由 Fe、Mo、W、V、Cr 和 C 等元素组成，并且各种元素分布都很均匀。

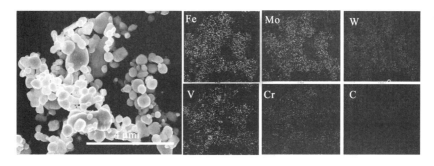

图 3.9　能谱面扫描得到的 W6 高速钢中碳化物元素的分析结果

　　目前已知的 W6 高速钢中强化相的类型为 M_6C 型、$M_{23}C_6$ 型、MC 型和 M_2C 型。M_2C 型碳化物是亚稳相，在高温热处理过程中分解为 MC 型和 M_6C 型两种稳定的碳化物，故仅存在于非平衡凝固组织中。因此，如图 3.10(a) 所示的 W6 高速钢平衡凝固相图中并不存在 M_2C 型碳化物。采用强酸萃取法得到的 W6 高速钢中纯碳化物粉末的 XRD 精修图谱如图 3.10(b) 所示，没有任何 Fe 的衍射峰出现，说明萃取的碳化物纯度较高。主要物相为立方结构的 $(Fe,W,Mo)_6C$，质量分数为 75.63%，晶格常数为 11.05 Å。同时含有 16.00%（质量分数）的 V_8C_7，晶格常数 8.34 Å，以及 8.37%（质量分数）的 $C_{r15.18}Fe_{7.42}C_6$，晶格常数为 10.59 Å。$M_{23}C_6$ 型碳化物主要为 Cr、Fe 和 C 的化合物，也是一种亚稳相，且在 W6 高速钢中含量低，并得到充分研究。因此本书主要对 $(Fe,W,Mo)_6C$ 和 V_8C_7 系列碳化物进行研究。

　　为进一步确定 W6 高速钢中碳化物的化学组成，采用电子探针微区分析仪对不同尺寸的碳化物进行成分表征，被表征的碳化物的位置和颗粒直径如图 3.11 所示，选取不同直径的五个碳化物颗粒，最小尺寸为 0.56 μm。

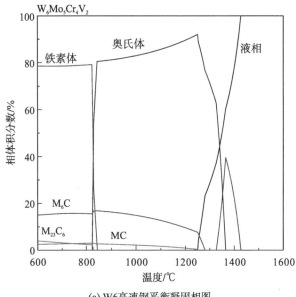

(a) W6高速钢平衡凝固相图

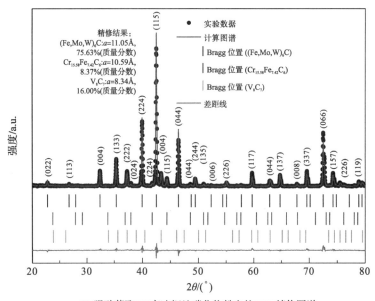

(b) 强酸萃取W6高速钢纯碳化物粉末的XRD精修图谱

图 3.10　W6 高速钢中碳化物的类型

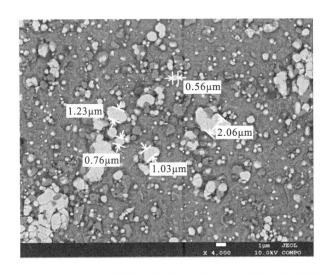

图 3.11　采用电子探针微区分析表征的 W6 高速钢中的碳化物

　　采用电子探针微区分析的检测结果统计在表 3.4 中，并计算出其对应的化学计量比。基本上测试点的化学配比都满足 M_6C 型，C 含量略偏高，说明电子探针微区分析进行微小尺度的化学组成分析是相当准确的，比能谱仪结果更加可靠。所分析的碳化物中金属元素以 Fe、W、Mo 为主，Cr、V 含量较少。最大尺寸为 2.06 μm 的碳化物化学配比分析准确，为 $Fe_{2.39}W_{1.14}Mo_{1.57}Cr_{0.54}V_{0.36}C_{1.09}$。最小尺寸为 0.56 μm 的碳化物中，Fe 含量和 C 含量相对偏高，是因为碳化物尺寸太小时，电子束斑直径会覆盖到基体部分，检测结果受到基体成分的影响。

表 3.4　采用电子探针微区分析表征 W6 高速钢中碳化物的化学组成

直径 /μm	质量分数/%						原子浓度/%						计算的化学式
	Fe	W	Mo	Cr	V	C	Fe	W	Mo	Cr	V	C	
2.06	24.2	37.7	27.3	5.1	3.3	2.4	0.34	0.16	0.22	0.08	0.05	0.16	$Fe_{2.39}W_{1.14}Mo_{1.57}Cr_{0.54}V_{0.36}C_{1.09}$
1.23	26.9	35.5	26.6	5.2	3.4	2.4	0.37	0.15	0.21	0.08	0.05	0.15	$Fe_{2.58}W_{1.04}Mo_{1.49}Cr_{0.53}V_{0.36}C_{1.06}$
1.03	27.3	35.6	26.1	5.0	3.4	2.6	0.37	0.15	0.2	0.07	0.05	0.16	$Fe_{2.62}W_{1.04}Mo_{1.46}Cr_{0.52}V_{0.36}C_{1.14}$
0.76	26.6	35.8	26.7	5.0	3.5	2.4	0.36	0.15	0.21	0.07	0.05	0.15	$Fe_{2.57}W_{1.05}Mo_{1.50}Cr_{0.51}V_{0.37}C_{1.06}$
0.56	29.1	35.3	24.2	5.3	3.2	2.9	0.38	0.14	0.18	0.07	0.05	0.18	$Fe_{2.77}W_{1.02}Mo_{1.34}Cr_{0.54}V_{0.33}C_{1.23}$

　　图 3.12 为电子探针微区分析对 W6 高速钢进行元素面分析的结果，可以发现，W、Fe 和 Mo 的富集区所占比例最大，说明为 M_6C 型碳化物。还有少部分的 V 富集区和 Cr 富集区，分别对应 MC 型、$M_{23}C_6$ 型碳化物。

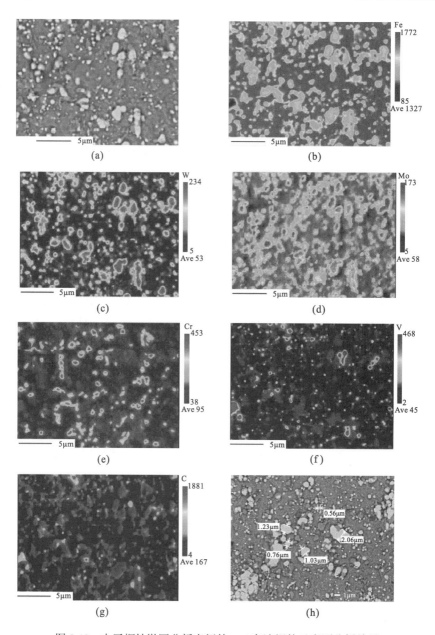

图 3.12　电子探针微区分析表征的 W6 高速钢的元素面分析结果

3.2.2　W18 高速钢中强化相的晶体结构与化学组成

图 3.13(a) 为采用场发射扫描电镜表征的 W18 高速钢中碳化物的显微形貌。样品经过 4%硝酸酒精腐蚀处理，可以看到凸出的碳化物颗粒：一部分呈细小颗粒状，尺寸在几百纳米；另一部分呈块状，直径为 1~10 μm。图 3.13(b) 为通过强

酸萃取的碳化物粉末的显微形貌,大部分碳化物颗粒尺寸为 5～10 μm,大颗粒上附着小颗粒。可以推断图 3.13(a)中大块的颗粒并不是由小尺寸颗粒团聚而成的,这与 W6 高速钢中的碳化物不同。

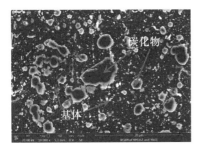 

(a) W18 高速钢的场发射扫描电镜图像　　(b) 强酸萃取的W18高速钢中的
　　　　　　　　　　　　　　　　　　　　　碳化物场发射扫描电镜图像

图 3.13　W18 高速钢中碳化物的形貌

图 3.14 为选取直径为 10 μm 的块状碳化物颗粒,通过能谱面扫描进行元素分析的结果,W18 高速钢中碳化物主要由 Fe、W、V、Cr、C 等元素组成,且元素分布较为均匀。

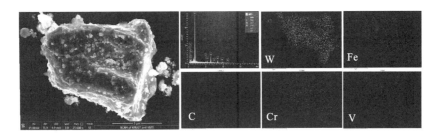

图 3.14　能谱面扫描得到的 W18 高速钢中碳化物元素的分析结果

W18 高速钢中可能的强化相类型为 M_6C、M_7C_3 和 $M_{23}C_6$,与 W18 高速钢平衡凝固相图一致〔图 3.15(a)〕。图 3.15(b)为强酸萃取出的 W18 高速钢中纯碳化物粉末的 XRD 精修图谱,没有任何 Fe 的衍射峰出现,说明萃取的碳化物纯度较高。主要物相为 Fe_3W_3C,晶格常数为 11.06 Å。并未检测出其他物相的峰,有可能是其他物相为亚稳相,在热处理过程中分解,且在 W18 中含量较低,当含量低于 5%时,XRD 很难检测到。Fe_3W_3C 衍射峰窄而尖锐,说明碳化物为单晶。因此本书主要对$(Fe,W)_6C$ 碳化物进行研究。

为进一步精确地研究 W18 高速钢中碳化物的化学组成,采用电子探针微区分析对不同尺寸的碳化物进行成分表征,表征碳化物的颗粒直径如图 3.16 所示,最大尺寸为 4.74 μm,最小尺寸为 0.23 μm。

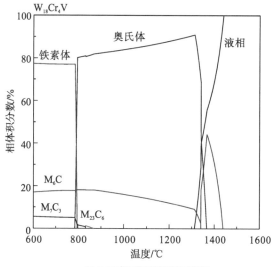

(a) W18高速钢平衡凝固相图

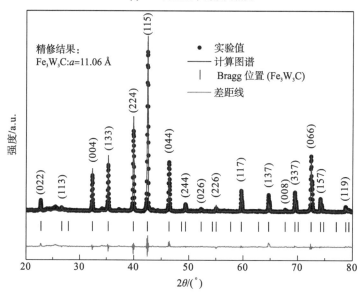

(b) 强酸萃取出的W18高速钢中纯碳化物粉末的XRD精修图谱

图 3.15　W18 高速钢中碳化物的类型

　　碳化物成分检测结果统计在表 3.5 中，并计算出其对应的化学计量比，前三个大尺寸碳化物的化学配比都满足 M_6C，只有 C 原子浓度含量略偏高。碳化物中金属元素以 Fe、W 为主，Cr、V 含量较少。最大尺寸为 4.74 μm 的碳化物化学配比分析准确，为 $Fe_{3.01}W_{2.33}Cr_{0.38}V_{0.28}C_{1.06}$。尺寸为 0.65 μm 和 0.23 μm 的碳化物，Fe、W 和 C 含量离散度大，是因为碳化物尺寸太小，电子束斑直径会覆盖到基体部分，检测结果受到基体成分的影响，导致测试结果不准，表 3.5 未列出。

图 3.16　采用电子探针微区分析表征的 W18 高速钢中的碳化物

表 3.5　采用电子探针微区分析仪表征 W18 高速钢中碳化物的化学组成

直径/μm	质量分数/%						原子浓度/%						计算的化学式
	Fe	W	Mo	Cr	V	C	Fe	W	Mo	Cr	V	C	
4.74	26.1	66.6	0	3.1	2.2	2.0	0.43	0.33	0	0.05	0.04	0.15	$Fe_{3.01}W_{2.33}Cr_{0.38}V_{0.28}C_{1.06}$
2.76	26.1	66.3	0	3.1	2.3	2.2	0.42	0.32	0	0.05	0.04	0.16	$Fe_{3.01}W_{2.32}Cr_{0.38}V_{0.29}C_{1.15}$
1.85	26.0	66.4	0	3.3	2.2	2.1	0.42	0.33	0	0.06	0.04	0.16	$Fe_{2.99}W_{2.32}Cr_{0.41}V_{0.28}C_{1.10}$

图 3.17 为电子探针微区分析对 W18 高速钢进行元素面分析的结果。W 和 Fe 的富集区所占比例最大，为 M_6C 型碳化物。还有少部分的 V 富集区和 Cr 富集区，可能对应 MC 型、M_7C_3 型和 $M_{23}C_6$ 型碳化物，但所占比例较小。

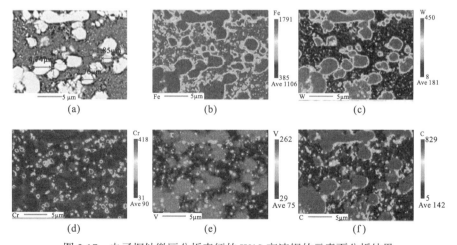

图 3.17　电子探针微区分析表征的 W18 高速钢的元素面分析结果

3.3　本章小结

(1) 采用强酸深度腐蚀和萃取的方法获得了 M_7C_3 型初生碳化物在 Fe-12%Cr-4.5%C（质量分数）过共晶高铬铸铁中的三维形貌。采用单晶结构解析、高分辨透射电镜、选区电子衍射等表征方法获得了 M_7C_3 型碳化物的晶体结构为六方结构，空间群类型为 $P6_3mc$，晶胞参数为 $a=b=13.842$ Å，$c=4.495$ Å，$\alpha=\beta=90°$，$\gamma=120°$，能谱分析结果显示碳化物中金属元素比例 Fe：Cr=4.9：2.1。

(2) 用强酸萃取法提取了 W6 和 W18 高速钢中纯碳化物粉末。采用场发射扫描电镜、能谱和 XRD 方法确定了碳化物的形貌、化学组成和物相种类。W6 高速钢中碳化物的主要物相种类为 $(Fe,W,Mo)_6C$，同时含有 V_8C_7 和 $(Cr,Fe)_{23}C_6$，W18 高速钢中碳化物以 M_6C 为主。采用电子探针微区分析确定碳化物的化学计量比。结果表明 W6 高速钢中的 M_6C 型碳化物的化学计量比为 $Fe_{2.39}W_{1.14}Mo_{1.57}Cr_{0.54}V_{0.36}C_{1.09}$，金属元素以 Fe、W、Mo 为主，Cr、V 含量较少；W18 高速钢中的 M_6C 型碳化物的化学计量比为 $Fe_{3.01}W_{2.33}Cr_{0.38}V_{0.28}C_{1.06}$，金属元素以 Fe、W 为主，Cr、V 含量较少。

第4章 Fe-C 相的结构与性能优化

碳元素作为钢铁中最原始的合金元素，能够通过固溶强化、形成碳化物沉淀强化影响钢铁的强度和硬度等性能，渗碳体(θ-Fe$_3$C)作为钢铁中最常见、最经济的强化相，一般由液相中共晶产生或由奥氏体中析出。已有实验证实[86]，在淬火碳钢中，η-Fe$_2$C 在 370～470 K 首先形成；550 K 左右时，残余奥氏体分解为铁素体和 θ-Fe$_3$C，并且 χ-Fe$_5$C$_2$ 和 θ-Fe$_3$C 在 470～720 K 沉淀析出；当温度超过 720 K 时，只有 θ-Fe$_3$C 形成。在缓慢冷却的钢中主要包含铁素体和 θ-Fe$_3$C。在低合金马氏体钢回火过程中，碳原子偏聚在位错等缺陷附近，形成 ε 碳化物(ε-Fe$_2$C、ε-Fe$_{2.4}$C和 ε-Fe$_3$C)，加热温度升高，ε 碳化物转变成更稳定的 θ-Fe$_3$C。在高碳钢回火中，ε 碳化物先转变为稳定的 χ-Fe$_5$C$_2$，温度进一步升高，χ-Fe$_5$C$_2$ 再转变为 θ-Fe$_3$C。目前广泛应用的铁碳相图(Fe-Fe$_3$C 相图)中 θ-Fe$_3$C 相对于石墨，仍然是一个介稳相。由此说明 Fe-Fe$_3$C 相图中的所有转变是在冷却速度并非处于无限缓慢下发生的。当冷却速度更快时，Fe-C 相的非平衡相图如图 4.1 所示[87]。随 C 含量的增加，出现更多的非平衡亚稳 Fe-C 相。这些 Fe-C 相能够通过掺杂合金元素变为稳定强化相。Fe-C 亚稳相的力学与热学性质直接影响钢铁的整体性能，因此通过合适的方法描述 Fe-C 亚稳相的性质对于设计和研究新型钢铁材料至关重要。根据 1.2 节所

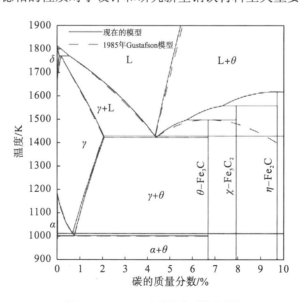

图 4.1 Fe-C 二元系的非平衡相图

述，本章从强化相的结构演化角度出发，采用第一性原理计算方法预测可能的小尺寸 Fe-C 亚稳相的结构、稳定性、力学性质和热学性质。同时，为进一步研究合金碳化物奠定基础。

4.1　计算方法与参数

价电子与离子实之间的相互作用通过超软赝势(ultrasoft pseudopotentials，USPPs)来表示。交换关联能通过自旋广义梯度近似(generalized gradient approximation，GGA)中的 Perdew-Burke-Ernzerhof(PBE)[88]描述。对于石墨等类层状结构，采用 Grimme 提出的色散修正的密度泛函理论(dispersion correction density functional theory，DFT+D2)方法对弱相互作用进行修正[89]。经过收敛性测试，平面波的最大截止能选为 550 eV，第一布里渊区 k 点的选择使用 Monkhorst-Pack 方法，k 点的取值根据物相的结构有所区别。在对晶体进行优化过程中，总能量的变化最终收敛到 1×10^{-6} eV，与此同时每个原子力降低到 0.01 eV/Å。Fe 原子考虑为高自旋态，Hubbard U 值取为 2.5 eV。原子价电子层的结构选为 Fe $3d^64s^2$ 和 C $2s^22p^2$，声子谱的计算基于超晶胞的有限位移法。

4.2　结构特征与晶胞参数

图 4.2 展示了目前所有可能的 Fe-C 二元相的晶体结构，晶体结构数据全部来源于文献报道和 ICSD，如表 4.1 所示。根据目前的 Fe-Fe₃C 相图，由于碳在奥氏体(γ-Fe)中的最大固溶度为 2.11%(质量分数)，故本书考虑了碳含量大于 2.11%(质量分数)的 Fe-C 化合物的结构。

表 4.1 总结了基于图 4.2 所列晶体结构计算出的 Fe-C 二元相的晶格常数、结合能和形成焓的结果，并与目前已知的其他理论值和实验值进行对比，只有 θ-Fe₃C 的晶格常数与其他结果相比的误差较大，达到 6%。其他 Fe-C 相的晶格常数与目

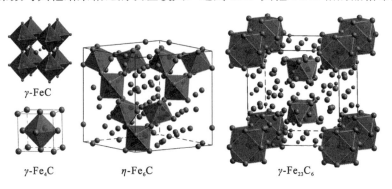

γ-FeC

γ-Fe₄C　　　　η-Fe₆C　　　　　　　　γ-Fe₂₃C₆

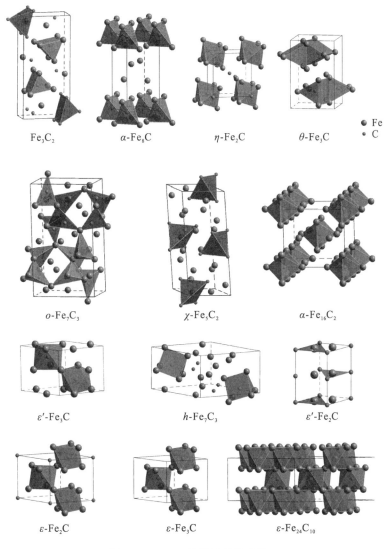

图 4.2　Fe-C 二元相的晶体结构

前已知其他结果相差较小，说明本书所采用方法具有可靠性。差距的产生原因可以归结为实验测试中温度导致的热效应以及采用不同的交换关联函数。

表 4.1　计算得到的基态 Fe-C 二元相的晶格常数、密度（ρ）、体积（V）、结合能（E_{coh}）和形成焓（ΔH_r），并与已知的理论值和实验值作对比

种类	空间群	晶格常数/Å			$\rho/$ (g/cm³)	$V/\text{Å}^3$	$E_{coh}/$ (eV/atom)	$\Delta H_r /$ (eV/atom)	结构参考
		a	b	c					
α-Fe	Im-$3m$	2.87	2.87	2.87	7.88	23.55	-8.94	0	
		2.86[8]	2.86[8]	2.86[8]				0	

续表

种类	空间群	晶格常数/Å			ρ/ (g/cm³)	V/Å³	E_{coh}/ (eV/atom)	ΔH_r/ (eV/atom)	结构参考
		a	b	c					
石墨	$P6_3/mmc$	2.46	2.46	6.80	2.24	35.64	-9.25	0	
γ-FeC	Fm-$3m$	3.92	3.92	3.92	7.51	59.99	-8.80	0.52	岩盐结构
		3.92[a], 4.00[b]	3.92[a], 4.00[b]	3.92[a], 4.00[b]				0.58[b]	
γ'-Fe$_4$C	Fm-$3m$	3.61	3.61	3.61	8.28	47.19	-9.08	0.15	奥氏体型
		3.76[a], 3.74[c]	3.76[a], 3.74[c]	3.76[a], 3.74[c]				0.22[a]	
γ-Fe$_4$C	Pm-$3m$	3.74	3.74	3.74	7.48	52.23	-9.31	0.05	Zhang 等[108]
		3.78[t]	3.78[t]	3.78[t]					
η-Fe$_6$C	Fd-$3mS$	10.16	10.16	10.16	8.79	1049.06	-9.13	0.20	ICSD #76760
γ-Fe$_{23}$C$_6$	Fm-$3m$	10.05	10.05	10.05	8.89	1014.00	-9.29	0.04	Fang 等[94]
		10.64[d], 10.47[e]	10.64[d], 10.47[e]	10.64[d], 10.47[e]			-8.46[e]		
η-Fe$_2$C	$Pnnm$	4.34	4.41	2.69	7.98	51.50	-9.25	0.04	ICSD #76826
		4.28[f], 4.26[g]	4.71[f], 4.69[g]	2.82[f], 2.83[g]				0.02[r]	
		4.30[h]	4.70[h]	2.83[h]					
θ-Fe$_3$C	$Pnma$	4.81	6.52	4.31	8.81	135.36	-9.31	0.03	ICSD #43522
		5.09[a], 5.07[g]	6.52[a], 6.71[g]	4.50[a], 4.51[g]				0.03[a]	
		5.08[i], 5.05[j]	6.73[i], 6.69[j]	4.52[i], 4.49[j]				0.02[k]	
		5.16[k], 5.04[l]	6.32[k], 6.72[l]	4.66[k], 4.48[l]				0.06[j]	
Fe$_3$C$_2$	$Pnma$	5.62	2.59	10.75	8.15	156.12	-9.20	0.12	Cr$_3$C$_2$
o-Fe$_7$C$_3$	$Pnma$	4.33	6.67	11.40	8.61	329.38	-9.30	0.01	ICSD #31018
		4.52[m], 4.99[n]	6.86[m], 6.95[n]	11.73[m], 13.74[n]		363.48[m]	-7.29[n]	0.02[r]	
		4.54[o]	6.88[o]	11.94[o]		372.88[o]			
ε'-Fe$_2$C	$P6_3/mmc$	3.62	3.62	5.07	7.13	57.59	-8.17	1.19	ICSD #162103
ε-Fe$_2$C	$P312$	4.76	4.76	4.28	7.33	84.02	-9.35	-0.002	Fang 等[109]
		4.80[u]	4.80[u]	4.30[u]					
ε-Fe$_{24}$C$_{10}$	$P312$	9.31	9.31	4.38	7.38	328.77	-9.35	0.004	Fang 等[109]
ε-Fe$_3$C	$P312$	4.62[u]	4.62[u]	4.29[u]	7.51	79.37	-9.37	-0.01	Fang 等[109]
		4.66[u]	4.66[u]	4.31[u]					
ε'-Fe$_3$C	$P6_322$	4.40	4.40	4.29	8.28	72.02	-9.20	0.06	ICSD #42542

种类	空间群	晶格常数/Å			ρ/(g/cm³)	V/Å³	E_{coh}/(eV/atom)	ΔH_r/(eV/atom)	结构参考
		a	b	c					
		4.50[q]	4.50[q]	4.20[q]					
h-Fe₇C₃	$P6_3mc$	6.68	6.68	4.28	8.59	165.17	−9.29	0.03	ICSD #76830
		6.82[m], 7.19[n]	6.82[m], 7.19[n]	4.49[m], 4.24[n]		181.24[m]	−7.36[n]	0.04[a]	
		6.88[p]	6.88[p]	4.54[p]		186.10[p]		0.05[b]	
α-Fe₈C	P-42m	3.48	3.48	7.26	8.67	87.83	−9.04	0.37	ICSD #44729
α-Fe₁₆C₂	$I4/mmm$	5.60	5.60	6.25	7.76	196.33	−9.37	0.01	Sinclair 等[110]
		5.71[v]	5.71[v]	6.31[v]					
χ-Fe₅C₂	$C12/c1$	11.19	4.36	4.82	8.63	233.31	−9.31	0.01	ICSD #76829
		11.61[a], 11.50[g]	4.50[a], 4.52[g]	4.88[a], 5.01[g]				0.03[a], 0.02[r]	

注：a 计算值，见文献[90]；b 计算值，见文献[91]；c 计算值，见文献[92]；d 实验值，见文献[93]；e 计算值，见文献[94]；f 计算值，见文献[95]；g 计算值，见文献[96]；h 实验值，见文献[97]；i 实验值，见文献[98]；j 计算值，见文献[99]；k 计算值，见文献[100]；l 计算值，见文献[101]；m 计算值，见文献[102]；n 计算值，见文献[49]；o 实验值，见文献[103]；p 实验值，见文献[104]；q 计算值，见文献[105]；r 计算值，见文献[106]；s 实验值，见文献[107]；t 计算值，见文献[88]；u 计算值，见文献[109]；v 计算值，见文献[110]

4.3　热力学稳定性

形成焓和结合能常用来判断体系的热力学稳定性，如表 4.1 所示。所有 Fe-C 相的结合能全为负值，而考虑自旋极化计算得到的形成焓如图 4.3 (a) 所示，由图可知，除 ε-Fe₃C 和 ε-Fe₂C 形成焓略小于零外，其他 Fe-C 相的形成焓全为正值，由于基态物相的热稳定性主要取决于形成焓，可推断几乎所有的 Fe-C 相都为热力学亚稳相，这一结果与目前已广泛接受的观点一致。同时，本书还计算了不考虑自旋极化时，Fe-C 相的形成焓凸型图(附图 1)，发现不考虑自旋极化时，Fe-C 相的形成焓都为负值。考虑自旋极化以后，体系基态总能量会更低，说明 Fe-C 相的热力学稳定性与其磁性关系很大。同时考虑晶格振动和电子热激发对吉布斯自由能的贡献，可得到几种 Fe-C 相吉布斯自由能随温度的变化。尽管图 4.3 中 θ-Fe₃C 的形成焓和吉布斯自由能不是最低的，θ-Fe₃C 仍然是目前实验上可观测到的非合金钢铁中唯一稳定存在的 Fe-C 二元化合物，其原因是 θ-Fe₃C 与铁素体晶格的界面结合能更低、更稳定。尽管 γ-Fe₂₃C₆ 与奥氏体的晶格错配度更低，但是碳化物形核过程中奥氏体中的富碳区会与铁原子结合，从而在金属与碳化物界面处形成铁空位，造成铁晶面畸变，因此在非合金钢中基本观察不到 γ-Fe$_{23}$C$_6$。而 η-Fe$_2$C、χ-Fe$_5$C$_2$、ε-Fe$_2$C、ε-Fe$_{2.4}$C、ε-Fe$_3$C、o-Fe$_7$C$_3$ 和 h-Fe$_7$C$_3$ 有可能在铁液冷却过程或热处理回火过程中以初始态或中间态的形式转化为 θ-Fe$_3$C。

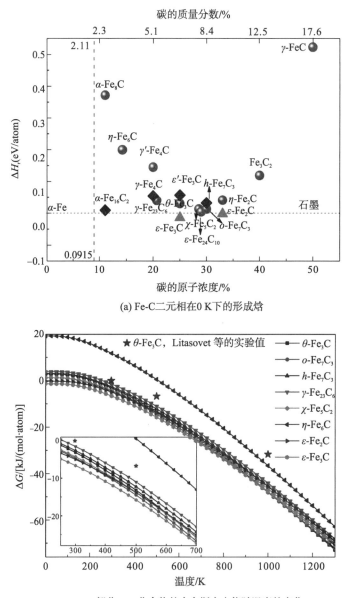

(a) Fe-C二元相在0 K下的形成焓

(b) 部分Fe-C化合物的吉布斯自由能随温度的变化

图 4.3　Fe-C 相的热力学稳定性分析

4.4　电子结构分析

第一性原理计算的优势之一就是可以从原子-电子层次分析化合物性质的物理本质。图 4.4 给出了 Fe-C 二元相的自旋极化分态密度，可知所有物相在费米面处都没有带隙，说明 Fe-C 相具有金属特性并且导电，费米能级处的电子态密度由 Fe-3d 轨道主导。在-8～5 eV 能量范围内，Fe-3d 轨道和 C-2p 轨道态密度形状相同且重合，说明由于 p-d 杂化形成共价键作用。因为 Fe-C 相中成键的 Fe-3d 态密度数和 C-2p 态密度数不完全吻合，可推断 Fe-C 相有较强烈的离子性。对于 α-Fe$_{16}$C$_2$、γ-Fe$_4$C、η-Fe$_6$C 和 ε'-Fe$_3$C 等化合物，在费米能级处的态密度和 α-Fe 相似，Fe-3d 上自旋轨道态密度达到最大值时，其下自旋轨道态密度接近中间值，说明 Fe-C 二元相具有较大的自旋磁矩，来源于 Fe-3d 轨道。

为进一步探究 Fe-C 相电子结构特征，计算得到不同晶体结构的物相在不同晶面上的差分电荷密度图，如图 4.5 所示。可以看到 Fe-C 二元相具有较复杂的化学键组成，由于价电子的缺失，某些 Fe 原子显正价，但有些 Fe 原子不完全显正价。除了 Fe-C 之间共价键作用，对于 γ-Fe$_4$C、γ-Fe$_{23}$C$_6$、α-Fe$_{16}$C$_2$、η-Fe$_6$C 和 ε'-Fe$_3$C，在 Fe 原子周围分布很多非局域化的电子，表明金属键的存在。此外，Fe 原子和 C 原子之间的电子云并不对称，说明 Fe—C 化学键之间有离子性。Mulliken 布居数分析能够定量地表征不同化学键的键长和键强，进一步得到不同种类化学键的平均键长，结果见附表 1。

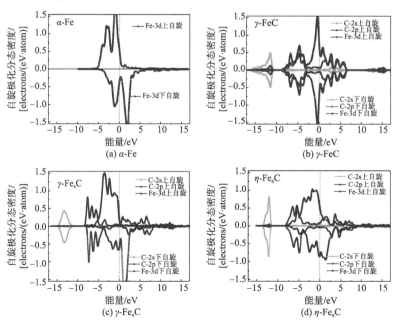

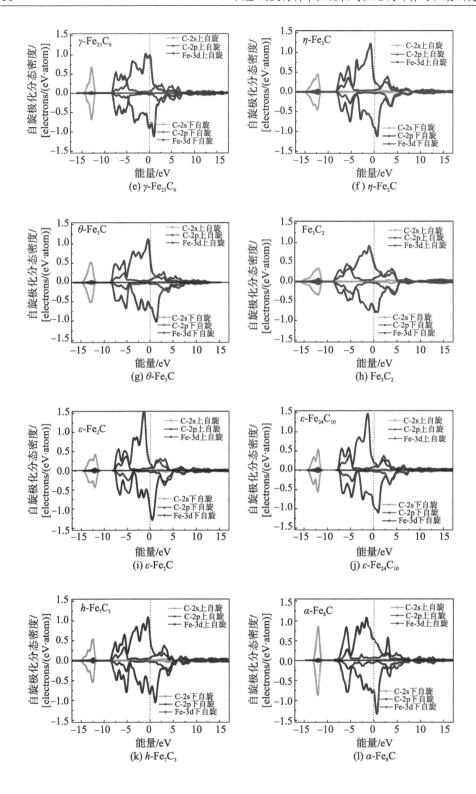

(e) γ-Fe$_{23}$C$_6$

(f) η-Fe$_2$C

(g) θ-Fe$_3$C

(h) Fe$_3$C$_2$

(i) ε-Fe$_2$C

(j) ε-Fe$_{24}$C$_{10}$

(k) h-Fe$_7$C$_3$

(l) α-Fe$_8$C

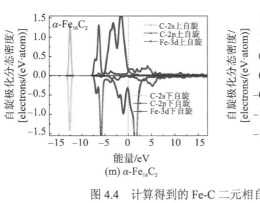

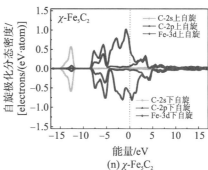

(m) α-Fe$_{16}$C$_2$　　　　　　　　　(n) χ-Fe$_5$C$_2$

图 4.4　计算得到的 Fe-C 二元相自旋极化分态密度

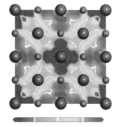

(a) γ-FeC 的(010)晶面

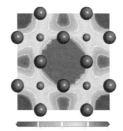

(b) γ'-Fe$_4$C 的2×2×2
超晶胞(010)晶面

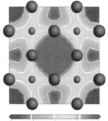

(c) γ-Fe$_4$C 的2×2×2
超晶胞(010)晶面

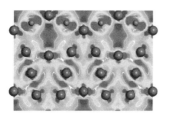

(d) η-Fe$_6$C 的($1\bar{1}0$) 晶面

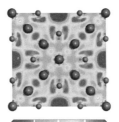

(e) γ-Fe$_{23}$C$_6$ 的(010)晶面

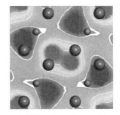

(f) η-Fe$_2$C 的2×2×2
超晶胞(001)晶面

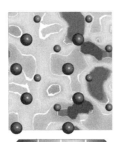

(g) θ-Fe$_3$C 的2×2×2
超晶胞(010)晶面

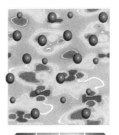

(h) Fe$_5$C$_2$ 的2×2×1
超晶胞(010)晶面

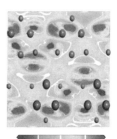

(i) o-Fe$_7$C$_3$ 的2×2×1
超晶胞(100)晶面

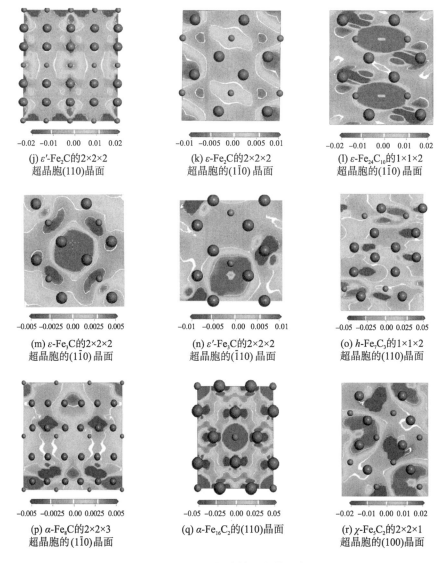

图 4.5　Fe-C 二元相的差分电荷密度图

众所周知，α-Fe 中未成对的 3d 电子造成了自旋磁矩和自发极化，进而使 α-Fe 呈现铁磁性，3d-4s 电子的交互作用是 α-Fe 中发生自发极化的主要原因。在 Fe-C 化合物中，Fe 原子仍然能够导致自旋极化磁矩的出现。图 4.6 为 Fe-C 二元相的自旋极化电子磁矩随 C 含量的变化。自旋极化电子磁矩的总体趋势为随着 C 含量的增加而降低，α-Fe$_8$C 表现出反铁磁性，γ-FeC 接近顺磁性，其余物相具有铁磁性。这是由于 γ-FeC 中 Fe 原子与 C 原子形成 4 对共用电子对，所有轨道都完全占据，每个 Fe 原子的磁矩都为 0。

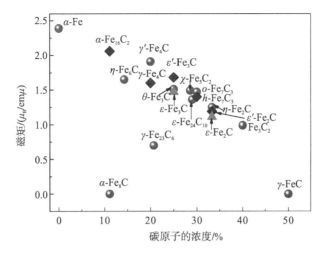

图 4.6　Fe-C 二元相的自旋极化电子磁矩随碳含量的变化

4.5　力学性质及各向异性

采用基于广义胡克定律的应力−应变方法，得到每个 Fe-C 二元相单晶的弹性系数矩阵，进而通过 Voigt-Ruess-Hill 近似得到 Fe-C 相的弹性常数（C_{ij}），表征体模量（B）、剪切模量（G）和杨氏模量（E），同时与已有理论值和实验值进行对比，相关结果如表 4.2 所示。可以发现所有化合物的 C_{ij} 都满足第 2 章提到的 Born-Huang 力学稳定性判据，说明所有 Fe-C 相在力学上都是稳定的，计算得到的 α-Fe 弹性模量与实验值非常吻合，其他 Fe-C 相的结果与以前理论和实验结果的差距主要是由计算方法不同以及实验过程中的温度效应产生的。C_{11}、C_{22} 和 C_{33} 表示晶体沿[001]、[010]和[001]晶向抵抗轴向应变的能力，C_{44}、C_{55} 和 C_{66} 表示抵抗（100）、（010）和（001）晶面上剪切应变的能力，C_{12} 表示抵抗（110）晶面上剪切变形的沿[$1\bar{1}0$]方向的模量。对于立方结构，C_{11} 是所有独立弹性常数中的最大值，当满足柯西关系即 $C_{12} = C_{44}$ 时，立方晶格里原子间作用力处于中央。从表 4.2 可以看到，所有立方晶格的 $C_{12} \neq C_{44}$，说明晶格中非中心的原子间相互作用力和角向力的存在。γ-FeC、γ-Fe$_4$C、η-Fe$_2$C、θ-Fe$_3$C、ε'-Fe$_2$C 和 α-Fe$_8$C 具有较低的 C_{44}，说明在（100）晶面上容易发生剪切应变。o-Fe$_7$C$_3$、ε'-Fe$_2$C 和 χ-Fe$_5$C$_2$ 具有较低的 C_{66}，说明在（001）晶面上容易发生剪切应变。计算得到的多晶体模量、剪切模量、杨氏模量和泊松比如表 4.2 所示，通过 Voigt-Ruess-Hill 近似得到的体模量与三阶 Birch-Murnaghan 状态方程拟合得到的体模量非常符合，说明计算结果相对可靠。o-Fe$_7$C$_3$ 具有最大的剪切模量和杨氏模量。剪切模量为 40.0～204.2 GPa，杨氏模量为 113.7～512.6 GPa。

表4.2　计算得到Fe-C二元相的弹性常数、弹性模量、泊松比（σ）、硬度、剪切各向异性因子（A_1、A_2、A_3）和各向同性指数（A^U、A_B、A_G），同时与已有理论值和实验值进行对比

种类	α-Fe	石墨	γ-FeC	γ'-Fe₄C	γ-Fe₄C	η-Fe₆C	γ-Fe₂₃C₆	η-Fe₂C	θ-Fe₃C	Fe₃C₂	o-Fe₂C₃	ε'-Fe₂C	ε-Fe₂C	ε-Fe₂₄C₁₀	ε-Fe₃C	ε'-Fe₃C	h-Fe₃C	α-Fe₈C	α-Fe₁₆C₂	χ-Fe₅C₂
C_{11}	308.6 (239.5[j])	1075.4 (1060±20[l])	706.3	754.5	431.7 (317[k])	410.3	534.3	509.6	555.9 (479.9[g])	469.5	548.6	609.8	393.8	412.3	366.3	585.7	553.8	430.4	304.9	548.9
C_{22}								490.9	559.8 (442.8[g])	597.5	610.4									590.4
C_{33}		40.8 (36.5±1[l])						398.2	635.6 (479.5[g])	612.6	597.3	235.9	396.5	362.4	369.4	466.1	540.3	506.5	335.6	553.0
C_{44}	113.7 (120.7[j])	4.2 (4.5±0.5[l])	70.4	154.6	56.5 (20[k])	139.7	163.7	77.8	30.7 (31.3[g])	209.7	158.2	3.4	159.5	136.9	141.1	144.2	97.0	25.0	116.8	193.8
C_{55}								198.4	202.3 (149.4[g])	205.2	107.0									193.5
C_{66}								170.4	203.4 (152.6[g])	215.2	58.8	66.8	116.8	117.9	102.3	163.5	156.7	106.8	145.5	54.6
C_{12}	140.8 (135.7[j])	221.3 (180±20[l])	213.2	141.7	156.2 (123[k])	308.5	275.4	301.9	275.5 (236.7[g])	297.5	259.6	476.1	160.1	176.4	161.7	258.7	240.5	261.1	167.3	242.9
C_{13}								259.4	287.6 (236[g])	283.0	291.1	59.4	216.0	206.7	169.9	257.1	267.7	261.3	154.3	220.4
C_{15}																				−13.1
C_{23}								278.0	235.8 (187.7[g])	279.9	279.0									341.5
C_{25}																				24.1
C_{35}																				−14.3
C_{46}																				29.7

续表

种类	B	B_0	G	E	B/G	Σ	H_{Chem}	H_{int}	A_1	A_2	A_3	A^U	$A_B/\%$	$A_G/\%$
α-Fe	171.0　170.3[j]		85.7	220.3	2.00	0.29						2.14	0	17.66
石墨	40.2　35.8[m]													
γ-FeC	377.6　329[a]		119.7	324.8	3.15	0.36	5.57	7.38	0.29	0.29	0.29	2.14	0	17.66
γ'-Fe₄C	349.1　188[k]		204.2	512.6	1.71	0.26	21.00	21.6	0.50	0.50	0.50	0.58	0.02	5.51
γ-Fe₄C	248.0	335.3	81.4　97[k]	220.2	3.05	0.35	4.13	5.85	0.41	0.41	0.41	1.02	0	9.26
η-Fe₄C	342.5		93.2	256.3	3.67	0.38	3.19	5.19	2.74	2.74	2.74	1.33	0	11.75
γ-Fe₂₃C₆	361.7　275.8[h]	338.2	149.0	393.0	2.43	0.32	10.20	11.60	1.26	1.26	1.26	0.07	0	0.66
η-Fe₂C	338.0		118.0	317.1	2.86	0.34	6.51	8.15	0.80	2.38	1.72	0.81	1.16	7.33
θ-Fe₃C	371.5　276[c] 322[d] 290[b] 301.0[g]	356.7	120.6　106[c] 114[b] 119.63[i]	326.5　293[b] 311.04[i]	3.08	0.35	5.85	7.62　8.38[o]	0.20	1.12	1.44	3.34	0.16	25.02
Fe₃C	375.2		174.6	453.5	2.15	0.30	13.70	14.90	1.63	1.26	1.82	0.37	0.70	3.44
o-Fe₇C₃	379.0　253[f]	364.3	118.0	320.7	3.21	0.36	5.32	7.15	1.12	0.66	0.37	0.79	0.13	7.32
ε'-Fe₃C	241.3		40.0	113.7	6.03	0.42	-0.90	1.62	0.02	0.02	1.00	41.20	21.80	80.24
ε-Fe₃C	262.4　242[n]		121.9	316.7	2.15	0.30	10.6	11.5	1.78	1.78	1.00	0.41	0.30	3.85
ε-Fe₂₄C₁₀	262.9		115.8	302.9	2.27	0.31	9.35	10.5	1.52	1.52	1.00	0.21	0.03	2.02
ε-Fe₂C	233.9　183[n]		115.4	297.2	2.03	0.29	11.1	11.9	1.43	1.43	1.00	0.14	0.01	1.37
ε'-Fe₃C	351.5		147.1	387.3	2.39	0.32	10.40	11.70	1.07	1.07	1.00	0.08	0.62	0.65
h-ζFe₃C	355.5	342.1	125.4	336.6	2.83	0.34	6.98	8.61	0.69	0.59	1.00	0.24	0.01	2.34
α-Fe₈C	334.1		77.1	214.8	4.33	0.39	1.57	3.76	0.24	0.24	1.26	2.08	0.38	17.16
α-Fe₆C₂	210.7		103.6	267.1	2.03	0.29	10.2	11.0	1.41	1.41	2.11	0.35	0.03	3.37
χ-Fe₅C₂	364.6　289[b]	332.3	128.9	345.9	2.83	0.34	7.17	8.80	1.17	1.68	0.33	1.70	0.63	14.46

注：a 计算值，见文献[91]；b 计算值，见文献[90]；c 计算值，见文献[111]；d 计算值，见文献[112]；e 实验值，见文献[113]；f 实验值，见文献[114]；g 计算值，见文献[115]；h 计算值，见文献[116]；i 计算值，见文献[117]；j 实验值，见文献[118]；k 计算值，见文献[119]；l 计算值，见文献[108]；m 计算值，见文献[120]；n 计算值，见文献[121]；o 实验值，见文献[42]

图 4.7 为计算得到的 Fe-C 二元相弹性模量和硬度随 C 含量变化的分布图。由 Fe-C 相图可知，C 在面心立方铁晶格中的最大固溶度为 2.11%（质量分数），从图 4.7 可知，C 含量大于 2.11%（质量分数）的 Fe-C 相的体模量、剪切模量和杨氏模量的总体趋势随 C 含量的增加而变大。结合附表 1 对 Fe-C 二元相化学键布居数分析可知，随 C 含量的增加，Fe—C 键的强度增大，键长变小，即 Fe-C 二元相的弹性模量由 Fe—C 键强决定。通过第 2 章介绍的硬度模型 Chen 模型和 Tian 模型，计算所有 Fe-C 二元相的本征硬度，总结在表 4.2 中。可以发现 Chen 模型比 Tian 模型预测的硬度小，并不完全适用于 Fe-C 相硬度的预测。采用 Tian 模型预测的 Fe-C 二元相的本征硬度的分布如图 4.7(d) 所示，本征硬度的变化趋势与剪切模量和杨氏模量变化趋势相同，随 C 含量的升高，Fe—C 键强增强，Fe-C 相的硬度增大，并且理论预测的 θ-Fe$_3$C 的硬度和文献中报道的纳米压痕测试的实验值非常符合。

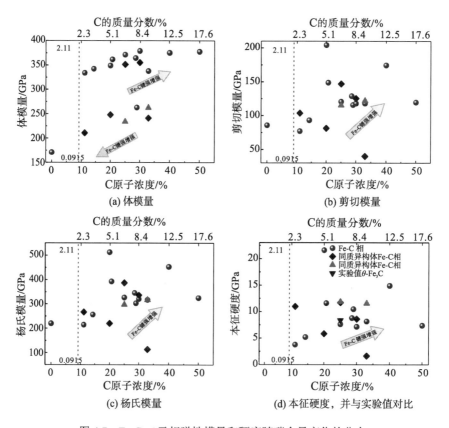

图 4.7　Fe-C 二元相弹性模量和硬度随碳含量变化的分布

B/G 的临界值 1.75 广泛用作判断材料脆韧性的指标，当 B/G 小于 1.75 时，材料是脆性的，且值越大，材料脆性越大。Fe-C 二元相 B/G 如图 4.8(a) 所示，除了

γ'-Fe$_4$C,所有 Fe-C 相 B/G 均大于 1.75,说明 Fe-C 相在外力作用下发生塑性变形。
另外,当泊松比大于 0.26 时,材料是韧性的,且泊松比值越大,材料韧性越强。
从表 4.2 看到,除了 γ'-Fe$_4$C,所有 Fe-C 相的泊松比为 0.29~0.42,说明 Fe-C 化
合物比其他过渡金属碳化物如 h-WC(0.21)[50]、VC(0.23)[122]韧性好,橡胶的泊松
比为 0.50,铝合金的泊松比为 0.33,钢的泊松比为 0.27~0.30,玻璃的泊松比为
0.18~0.30。对于离子-共价型晶体,泊松比一般为 0.2~0.25,这说明 Fe-C 相具
有较强金属性,与电子结构分析相符。柯西压力($C_{12}-C_{44}$)同样是一种重要的表
示材料脆韧性的参数,从图 4.8(b)可以看出,除 γ'-Fe$_4$C 外,所有 Fe-C 相的 C_{12}
都大于 C_{44},说明柯西压力为正值,材料韧性较好。

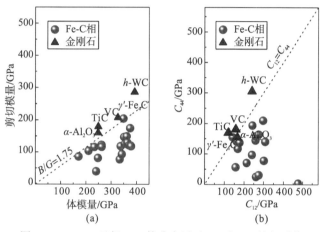

图 4.8 Fe-C 二元相 B/G 的分布以及 C_{12} 和 C_{44} 的相对值

　　单晶的力学各向异性对材料的实际使用至关重要,微裂纹的产生和扩展与各
向异性关系密切。Fe-C 化合物的力学各向异性主要通过两种方式表征。一种是计
算各向异性指数(A^U、A_B 和 A_G)和剪切各向异性因子(A_1、A_2 和 A_3)。其计算结果
如表 4.2 所示。除 ε'-Fe$_2$C 具有最大的 A^U 值外,θ-Fe$_3$C 的 A^U 值也较大,说明 θ-Fe$_3$C
的各向异性很强,γ-Fe$_{23}$C$_6$ 和 ε'-Fe$_3$C 的 A^U 值较小,说明其各向异性较弱,A_G
值进一步验证了这一结果。与 A_G 值相比,A_B 值较小,说明 Fe-C 化合物的体模量
各向异性较弱。对于 θ-Fe$_3$C、α-Fe$_8$C 和 χ-Fe$_5$C$_2$ 而言,A_1、A_2 和 A_3 的值相差较大,
说明在(100)、(010)和(001)晶面上的剪切模量相差较大。另一种是根据弹性常数
画出力学各向异性的三维曲面图,杨氏模量各向异性的三维曲面图如图 4.9 所示,
体模量和剪切模量各向异性的三维曲面图见附图 2 和附图 3。对于各向同性的材
料,其三维曲面图为圆球形,Fe-C 二元相杨氏模量的三维曲面图大多偏离规则球
形,说明其杨氏模量各向异性较强,与 A^U 值相符。杨氏模量在(001)和(110)晶面
上的投影能给出更多定量化信息,如图 4.10 所示,沿不同晶向杨氏模量最大值和
最小值能对定向生长晶体、材料织构、取向性薄膜提供指导。

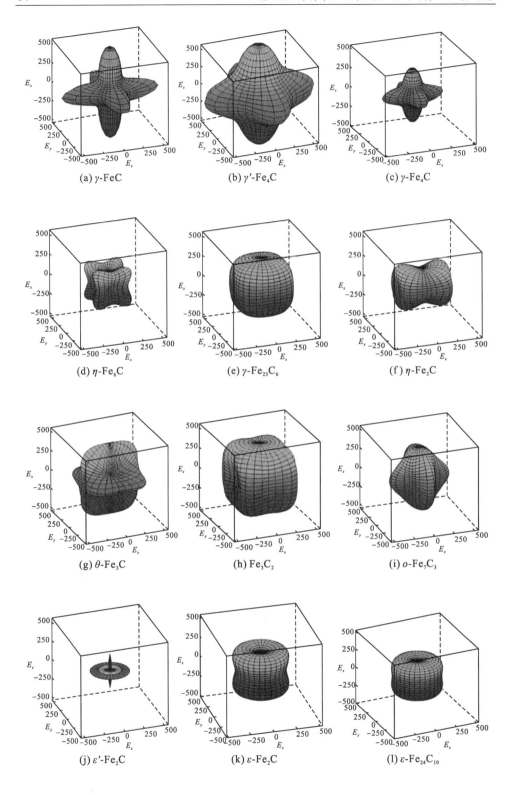

(a) γ-FeC　　　　　　　(b) γ'-Fe$_4$C　　　　　　　(c) γ-Fe$_4$C

(d) η-Fe$_6$C　　　　　　　(e) γ-Fe$_{23}$C$_6$　　　　　　　(f) η-Fe$_2$C

(g) θ-Fe$_3$C　　　　　　　(h) Fe$_3$C$_2$　　　　　　　(i) o-Fe$_7$C$_3$

(j) ε'-Fe$_2$C　　　　　　　(k) ε-Fe$_2$C　　　　　　　(l) ε-Fe$_{24}$C$_{10}$

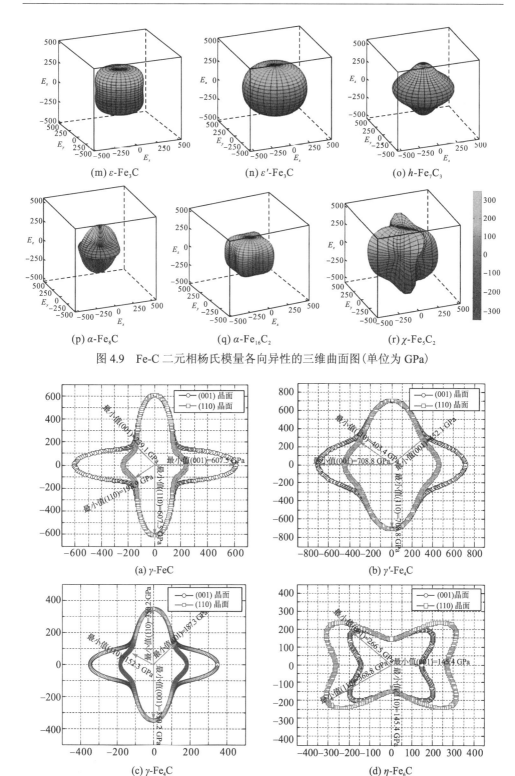

图 4.9　Fe-C 二元相杨氏模量各向异性的三维曲面图（单位为 GPa）

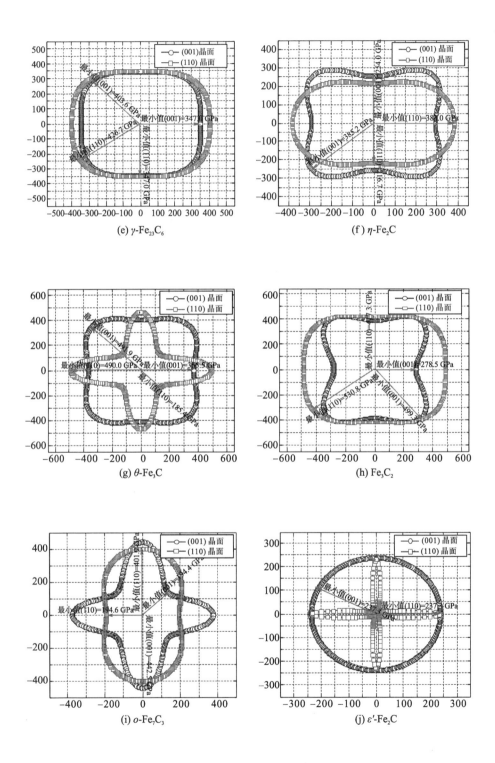

(e) γ-Fe$_{23}$C$_6$

(f) η-Fe$_2$C

(g) θ-Fe$_3$C

(h) Fe$_3$C$_2$

(i) o-Fe$_7$C$_3$

(j) ε'-Fe$_2$C

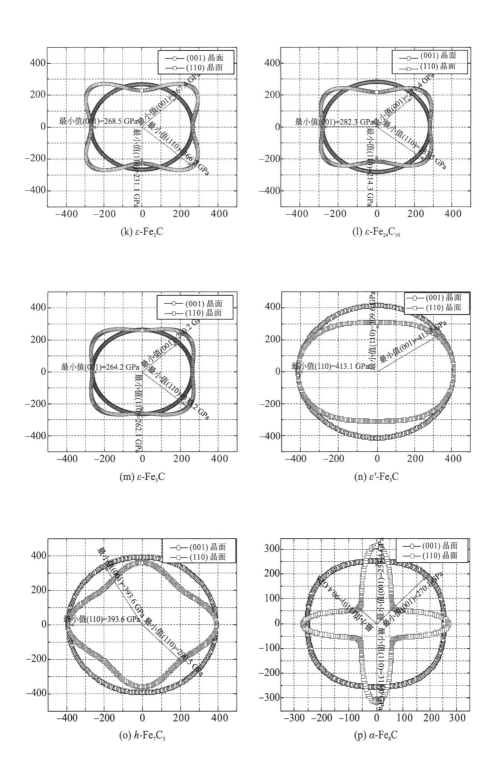

(k) ε-Fe₂C

(l) ε-Fe₂₄C₁₀

(m) ε-Fe₃C

(n) ε'-Fe₃C

(o) h-Fe₇C₃

(p) α-Fe₈C

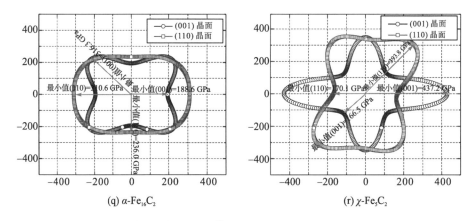

(q) α-Fe₁₆C₂   (r) χ-Fe₅C₂

图 4.10　各向异性的杨氏模量在 (001) 和 (110) 晶面上的投影

4.6　热　学　性　质

本书在准谐近似的框架下计算典型的相对稳定的 Fe-C 二元相的热容、热膨胀系数等性质。根据第 2 章方法介绍，首先要计算每种物相不同体积下的声子色散谱（简称声子谱）。图 4.11 为 Fe-C 二元相在平衡体积下的声子谱，进一步判断不同物相的动力学稳定性。前面已知所有 Fe-C 二元相相对于石墨和 α-Fe 都是热力学不稳定的，但是计算的 γ-FeC、γ′-Fe$_4$C、η-Fe$_6$C、γ-Fe$_{23}$C$_6$、η-Fe$_2$C、θ-Fe$_3$C、o-Fe$_7$C$_3$、h-Fe$_7$C$_3$ 和 χ-Fe$_5$C$_2$ 的声子谱没有任何软模，说明这些碳化物是动力学稳定的，这是能够在非合金碳钢的热处理过程中观测到这些 Fe-C 化合物的原因，也说明这些热力学不稳定、动力学稳定的 Fe-C 化合物能在特定的温度和压力条件下合成。Fe$_3$C$_2$、ε′-Fe$_2$C、ε′-Fe$_3$C 和 α-Fe$_8$C 声子谱的声学模上出现软模，说明在热力学和动力学上都是不稳定的，发生相变或分解为铁素体和石墨的能垒非常低，因此在碳钢中观察不到这些相。

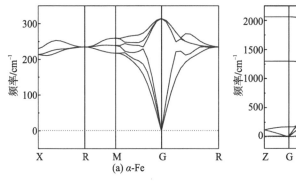

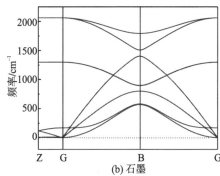

(a) α-Fe   (b) 石墨

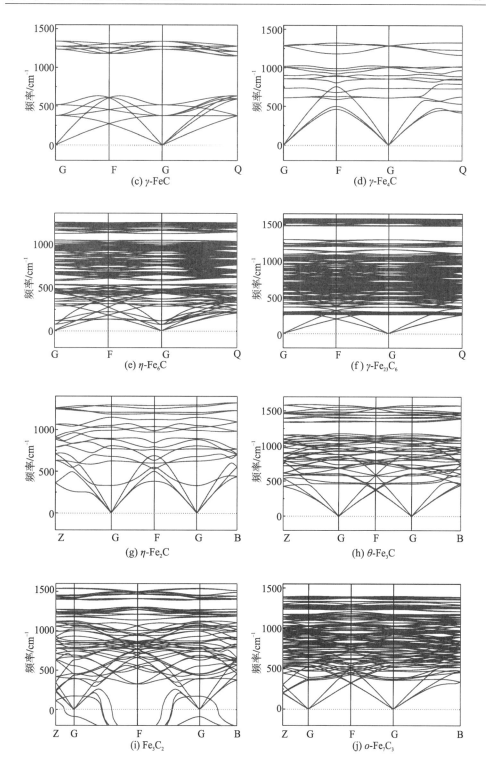

(c) γ-FeC

(d) γ-Fe₄C

(e) η-Fe₆C

(f) γ-Fe₂₃C₆

(g) η-Fe₂C

(h) θ-Fe₃C

(i) Fe₃C₂

(j) o-Fe₇C₃

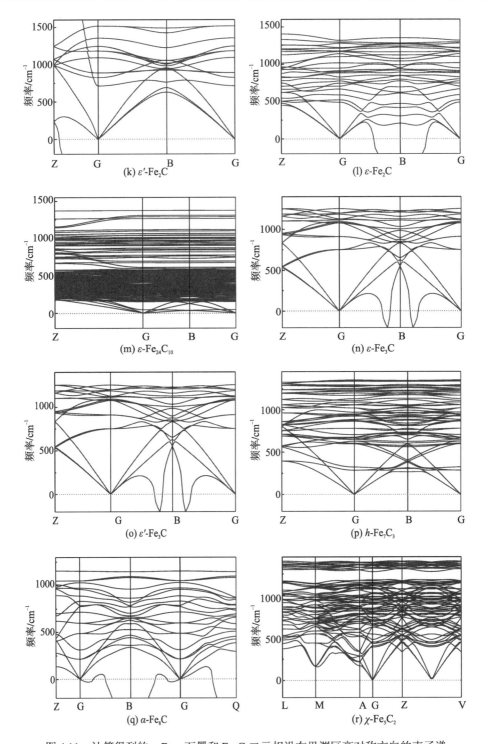

图 4.11　计算得到的 α-Fe、石墨和 Fe-C 二元相沿布里渊区高对称方向的声子谱

通过计算不同体积的声子谱，得到不同体积下晶格振动亥姆霍兹自由能 F_{vib} 随温度的变化，由于 Fe-C 相全为导体量，故需考虑不同体积不同温度下热电子对自由能的贡献，同时考虑不同体积下静态总能量，得到 Fe-C 相不同温度下总亥姆霍兹自由能随体积的变化，如图 4.12 所示。用三阶 Birch-Murnaghan 状态方程拟合，得到不同温度下最低能量对应的体积，根据不同温度下的平衡体积，由式(2-47)进一步得到热膨胀系数随温度的变化。

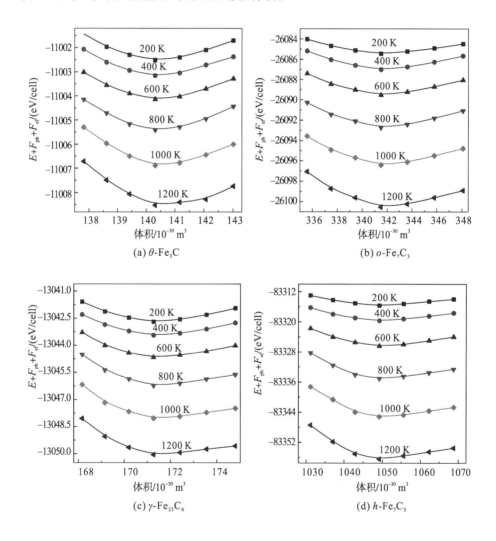

(a) θ-Fe$_3$C

(b) o-Fe$_7$C$_3$

(c) γ-Fe$_{23}$C$_6$

(d) h-Fe$_7$C$_3$

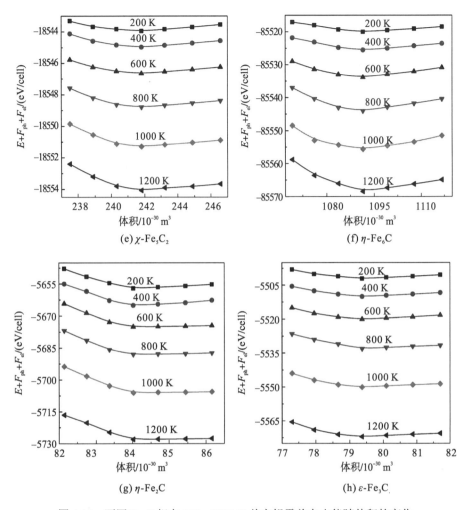

图 4.12　不同 Fe-C 相在 200～1200 K 总亥姆霍兹自由能随体积的变化

4.6.1　热膨胀

钢铁性能是基体和强化相之间协同配合的结果，要求热物理性质接近。准确获取强化相的热物理性质对新型钢铁材料设计和性能提升至关重要。钢铁中铁基体的热膨胀系数大，而强化相为陶瓷相，热膨胀系数较小，但是实验上很难测得钢铁中强化相的热膨胀系数。本节采用第 2 章中热膨胀计算公式得到几种 Fe-C 二元相的体积热膨胀系数，并比较不考虑和考虑热电子贡献两种情况下热膨胀系数的差别，相关结果见图 4.13[123-125]。热电子对 Fe-C 热学性质具有较大贡献，300 K 以下，热膨胀系数随温度升高增长剧烈，其原因归结为密集的声子激发以及非谐效应的增强。当温度超过 300 K 后，Fe-C 化合物热膨胀系数逐渐趋于平稳并接近于常数，但热电子对热膨胀系数的贡献在高温下更为明显。其中，o-Fe$_7$C$_3$ 具有最小的热膨胀系数，h-Fe$_7$C$_3$ 和 η-Fe$_2$C 的热膨胀系数较大，h-Fe$_7$C$_3$ 在 500 K 时达到 35×10^{-6} K^{-1}。但 η-Fe$_2$C 热膨胀系数的增长速度高于 h-Fe$_7$C$_3$，当温度超过 800 K 后，η-Fe$_2$C 热膨胀系数最大，在 1200 K 时达到 45×10^{-6} K^{-1}。纯 α-Fe 在 500 K 时线膨胀系数实验值为 15×10^{-6} K^{-1}，则体积热膨胀系数为 45×10^{-6} K$^{-1[124]}$，而 η-Fe$_2$C、h-Fe$_7$C$_3$ 和 θ-Fe$_3$C 的热膨胀系数与之较为匹配。与实验值相比[125]，θ-Fe$_3$C 的热膨胀系数计算值较低，其原因是计算中没考虑磁性的贡献，并且实验制备的样品与理论完美晶体不同，缺陷较多，导致晶体非谐效应增强，热膨胀系数实验值比计算值大。

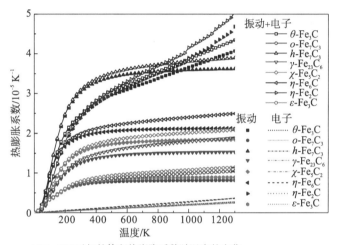

(a) Fe-C 二元相的体积热膨胀系数随温度的变化

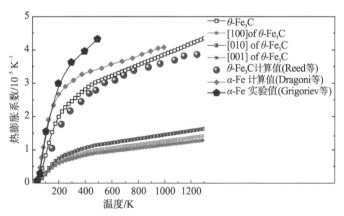

(b) 渗碳体和铁的热膨胀系数并与实验值和其他理论值对比

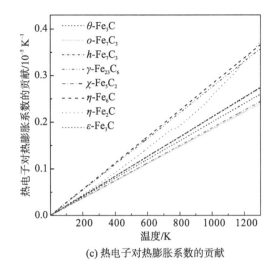

(c) 热电子对热膨胀系数的贡献

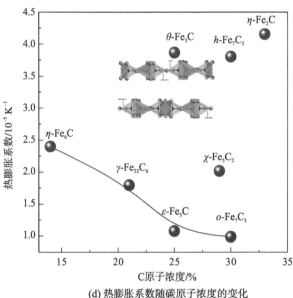

(d) 热膨胀系数随碳原子浓度的变化

图 4.13　Fe-C 二元相的热膨胀系数

4.6.2　热容

Fe-C 二元相的等容热容(C_V)可以由 Fe-C 相在平衡体积下的声子频率积分计算得到，在得到热膨胀系数后，等压热容(C_p)由式(2-46)计算得到，同时，比较电子热容对总等容热容和总等压热容的贡献。由于 Fe-C 相的金属性强，热电子在高温下对热容的贡献明显。在 200 K 下，C_V 和 C_p 的值基本相等，随着温度的升高，由于体积效应，C_p 的值大于 C_V 的值，当超过德拜温度后，C_V 趋近于杜隆–珀蒂定律规定的极限值 $3nR$，其中，n 为化学式中的原子数，R 为理想气体常数。在 1200 K 时，η-Fe$_2$C 的等压热容最大，不考虑和考虑热电子贡献的值分别为 0.685 J/(g·K) 和 0.849 J/(g·K)。不考虑热电子贡献时，η-Fe$_6$C 的等压热容最小，为 0.499 J/(g·K)；考虑热电子贡献后，ε-Fe$_3$C 的值最小，这是由于费米面处电子态密度不同，热电子对 η-Fe$_6$C 热容的贡献更大。本书计算 θ-Fe$_3$C 的等压热容值比其他计算值大[126,127]，但低温下，与实验值相符[38,128-130]，高温下，比实验值低。由于 Fe-C 相大部分为铁磁性，如 α-Fe 在 770℃（居里点）转为顺磁性，θ-Fe$_3$C 在 230℃ 失去铁磁性，在无限接近居里点附近，材料的 C_p 值也趋近于无限大，但是这一磁性转变对高温下的 C_p 值影响并不大，因此本书并未考虑铁磁性对热学性质的影响。

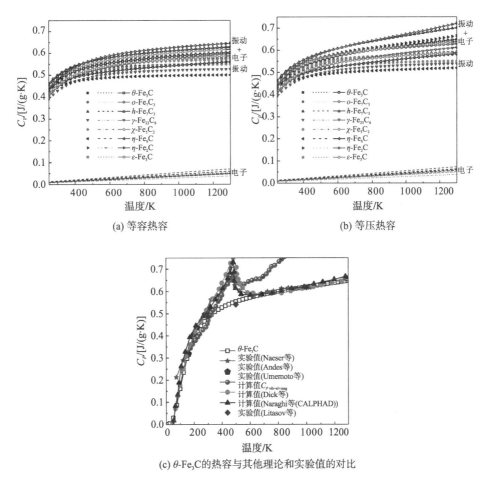

(a) 等容热容　　　　　　　　　　　(b) 等压热容

(c) θ-Fe$_3$C的热容与其他理论和实验值的对比

图 4.14　Fe-C 二元相的热容随温度的变化

4.6.3 热导率

第 2 章已详细介绍了多种计算材料本征热导率的方法和经验模型，本章采用 Cahill 模型来计算 Fe-C 相的热导率。由于 Cahill 模型通过声速来预测材料在高温下的极限热导率，需要首先计算 Fe-C 相的声速，得到沿不同晶向的横波声速和纵波声速，继而得到平均声速（v_m）与德拜温度（Θ_D），结果如表 4.3 所示。从声子谱可知，声学模沿传播方向有三个互相垂直的本征值，对于高对称性的晶格，包括两个纯横声学支（v_{t1}、v_{t2}）和一个纯纵声学支（v_l）。在低对称性晶格里，沿任意方向的声学模包含一个纯纵声学支和两个混合支，混合支有快慢之分。声速的各向异性反映了晶格弹性常数的各向异性，能够与前面力学各向异性的讨论对应起来。德拜温度是一个反映共价键强度的指标，Fe-C 化合物的德拜温度集中在 600 K，低于其他碳化物如 VC（977.7 K）和 TiC（980.7 K），说明 Fe-C 化合物共价键强度较弱，非谐效应较大，热导率较低。

表 4.3　计算得到的 Fe-C 相各向异性声速、平均声速和德拜温度

种类	[100]			[010]			[001]			v_l/(m/s)	v_t/(m/s)	v_m/(m/s)	Θ_D/K
	v_l/(m/s)	v_{t1}/(m/s)	v_{t2}/(m/s)	v_l/(m/s)	v_{t1}/(m/s)	v_{t2}/(m/s)	v_l/(m/s)	v_{t1}/(m/s)	v_{t2}/(m/s)				
θ-Fe$_3$C	7943.5	4804.9	4791.9	7971.3	4804.9	1866.7	8493.8	4791.9	1866.7	7773.0	3699.9	4161.8	607.7
o-Fe$_7$C$_3$	7982.3	2613.3	3525.3	8419.9	2613.3	4286.5	8329.0	3525.3	4286.5	7892.5	3702.0	4167.3	614.0
h-Fe$_7$C$_3$	4270.4	8029.3	3360.4				7930.9	3360.4	3360.4	7800.6	3820.8	4291.3	631.8
η-Fe$_2$C	3992.7	7329.7	4664.7				7354.8	4664.8	4664.8	4078.0	7613.9	4554.4	643.5
ε-Fe$_3$C	3690.8	6983.9	4334.5				7013.4	4334.5	4334.5	3920.0	7185.6	4372.0	605.3

种类	[100]=[010]=[001]			[110]			[111]			v_l/(m/s)	v_t/(m/s)	v_m/(m/s)	Θ_D/K
	v_l/(m/s)	v_{t1}/(m/s)	v_{t2}/(m/s)	v_l/(m/s)	v_{t1}/(m/s)	v_{t2}/(m/s)	v_l/(m/s)	v_{t1}/(m/s)	v_{t2}/(m/s)				
γ-Fe$_{23}$C$_6$	7752.5	4291.1	4291.1	7997.1	5396.5	4291.1	8077.0	3980.6	3980.6	7939.4	4093.9	4584.0	662.2
η-Fe$_6$C	6832.1	3986.6	3986.6	7535.3	3403.1	3986.6	7755.5	3026.2	3026.2	7287.1	3256.2	3673.6	518.5

种类	[100]			[010]			[001]			v_l/(m/s)	v_t/(m/s)	v_m/(m/s)	Θ_D/K
	v_l/(m/s)	v_{t1}/(m/s)	v_{t2}/(m/s)	v_l/(m/s)	v_{t1}/(m/s)	v_{t2}/(m/s)	v_l/(m/s)	v_{t1}/(m/s)	v_{t2}/(m/s)				
χ-Fe$_5$C$_2$	2515.3	7978.7	4729.3	8271.2	4812.5	2371.3	4738.8	8009.0	4728.2	7884.4	3864.7	4340.4	636.9

根据 Cahill 模型，由声速得到 Fe-C 相各向异性的极限热导率，结果如表 4.4 所示，由于仅考虑晶格热导率，未考虑电子热导率，故计算所得 Fe-C 相的极限热导率比实际值偏低，Fe$_6$C 的极限热导率低至 1.73 W/(m·K)，Fe$_{23}$C$_6$ 和 Fe$_5$C$_2$ 的极限热导率较大，达到 2.11 W/(m·K)。比较沿不同晶向的极限热导率，可得到更多信息，θ-Fe$_3$C 沿[100]方向的热导率是 2.35 W/(m·K)，比沿[010]和[001]方向都大，

其热导率各向异性比其他 Fe-C 化合物都强。

表 4.4   采用 Cahill 模型计算得到的部分 Fe-C 相的极限热导率

种类	$n/10^{28}$	[100]κ_{min} /(W/(m·K))	[010]κ_{min} /(W/(m·K))	[001]κ_{min} /(W/(m·K))	[110]κ_{min} /(W/(m·K))	[111]κ_{min} /(W/(m·K))	κ_{min} /(W/(m·K))
θ-Fe$_3$C	11.82	2.35	1.96	2.03			2.03
o-Fe$_7$C$_3$	12.14	1.93	2.09	2.20			2.09
h-Fe$_7$C$_3$	12.11	2.13	2.13	2.00			2.10
η-Fe$_2$C	10.71	2.01	2.01	2.09			2.42
ε-Fe$_3$C	10.08	1.81	1.81	1.89			2.20
γ-Fe$_{23}$C$_6$	11.44	2.14	2.14	2.14	2.32	2.10	2.11
χ-Fe$_5$C$_2$	12.00		2.09				2.11
η-Fe$_6$C	10.68	1.85	1.85	1.85	1.87	1.73	1.73

图 4.15 为 Fe-C 二元相极限晶格热导率随 C 含量的变化及 θ-Fe$_3$C 链式结构声子散射示意图。总体上，C 含量越高，极限热导率越高。η-Fe$_6$C、θ-Fe$_3$C、o-Fe$_7$C$_3$、h-Fe$_7$C$_3$ 和 χ-Fe$_5$C$_2$ 热导率较低，从附表 1 布居数分析可知，是因为其 Fe—C 键和 Fe—Fe 键较弱，非谐效应大。而 η-Fe$_2$C 化学键强，非谐效应小，晶格热导率高。此外，θ-Fe$_3$C 的层状链式结构能够进一步加强声子散射，从而降低热导率。

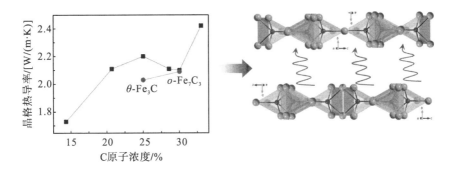

图 4.15   Fe-C 二元相极限晶格热导率随 C 含量的变化及 θ-Fe$_3$C 链式结构声子散射示意图

Fe-C 相沿不同方向极限热导率随不同方向杨氏模量的变化如图 4.16 所示。根据 Clarke 模型，Fe-C 相杨氏模量与极限热导率正相关，极限热导率由杨氏模量和平均原子体积决定。本书采用 Cahill 模型计算的热导率与杨氏模量的关系并不完全正相关，这是因为 Cahill 模型考虑了三个声学支的贡献，预测的极限值与晶格非谐性有一定关联。

4.6.4   电导率

本节采用 Bloch-Grünciscn 近似拟合 Fe-C 相的电阻率，结果如图 4.17 所示，

可以看到 γ-Fe$_{23}$C$_6$ 由于费米面处的电子态密度高，金属性强，电阻率小，而 η-Fe$_6$C 费米面处的电子态密度低，金属性弱，电阻率大。此外，本书计算的电阻率和实验测定的 θ-Fe$_3$C 在室温的电阻率比较相符。

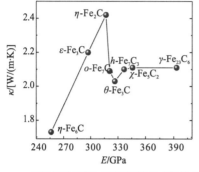

(a) 平均杨氏模量与平均极限热导率的关系

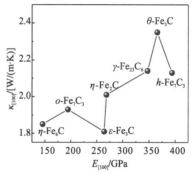

(b) 沿[100]方向杨氏模量与[100]方向极限热导率的关系

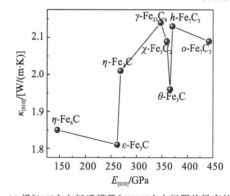

(c) 沿[010]方向杨氏模量与[010]方向极限热导率的关系

图 4.16　Fe-C 二元相极限热导率与杨氏模量的关系

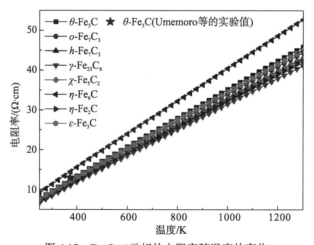

图 4.17　Fe-C 二元相的电阻率随温度的变化

4.7　本　章　小　结

（1）采用第一性原理计算结合准谐近似，计算了所有 Fe-C 二元相的电子结构、力学性质和热学性质。判断了其热力学稳定性，从形成焓上看，除了 ε-Fe$_3$C 和 ε-Fe$_2$C，其他 Fe-C 相的形成焓全为正值，相对于 α-Fe 和石墨都为热力学非稳定相，吉布斯自由能的结果进一步验证该结论。γ'-FeC、γ'-Fe$_4$C、η-Fe$_6$C、γ-Fe$_{23}$C$_6$、η-Fe$_2$C、θ-Fe$_3$C、o-Fe$_7$C$_3$、h-Fe$_7$C$_3$ 和 χ-Fe$_5$C$_2$ 的声子谱没有软模，说明这些相是动力学稳定的。

（2）电子结构的计算结果表明，Fe-C 相的化学键复杂，以 Fe—C 共价键为主，但有较强的金属性和离子性特征。自旋磁矩随 C 含量的增大而减小。力学性质计算发现，随 C 含量提高，Fe—C 键键长变短，键强增强，弹性模量和硬度整体提高。剪切模量为 40.0~204.2 GPa，杨氏模量为 113.7~512.6 GPa，o-Fe$_7$C$_3$ 具有最大的剪切模量和杨氏模量。此外，几乎所有 Fe-C 相具有较好的韧性，其原因是德拜温度较低，共价键比其他碳化物弱。

（3）采用准谐近似计算了部分 Fe-C 相热容、热膨胀系数等性质。高温下热电子对热容和热膨胀系数的贡献较大。h-Fe$_7$C$_3$ 的体积热膨胀系数在 500 K 时达到 35×10^{-6} K^{-1}。但 η-Fe$_2$C 热膨胀系数的增长速度高于 h-Fe$_7$C$_3$，当温度超过 800 K 后，η-Fe$_2$C 的热膨胀系数最大，在 1200 K 时达到 45×10^{-6} K^{-1}。η-Fe$_2$C 的等压热容最大，不考虑和考虑热电子贡献的值分别为 0.685 J/(g·K) 和 0.849 J/(g·K)。

（4）通过分析 Cahill 模型计算了极限热导率，Fe$_6$C 的极限热导率低至 1.73 W/(m·K)，θ-Fe$_3$C 热导率具有较强的各向异性，θ-Fe$_3$C 沿[100]方向的热导率是 2.35 W/(m·K)，比沿[010]和[001]方向都大，且其层状链式结构能够加强声子散射，从而降低热导率。采用 Bloch-Grüneisen 近似拟合的电阻率和实验测定的 θ-Fe$_3$C 在室温的电阻率相符。

第5章　合金化对高铬铸铁中 M₇C₃ 相性能的影响

(Cr,Fe)₇C₃ 是一种典型的强化相，但是高铬铸铁中(Cr,Fe)₇C₃ 的脆性大，因呈长杆状而容易折断，目前(Cr,Fe)₇C₃ 的研究主要集中于两个方面：一是改变其形态分布，细化初生碳化物；二是改变其本征脆性。细化初生碳化物的方法包括孕育和变质处理、半固态成形法、悬浮铸造以及外加电场和磁场等。改变其本征脆性主要通过合金化，在铸造过程加入合金元素，合金元素溶入(Cr,Fe)₇C₃ 中，对其力学性质产生影响。但不同合金元素对(Cr,Fe)₇C₃ 的作用效果仍然是未知的，通过实验研究工作量巨大且无法精确控制每种元素的含量。因此本书采用第一性原理计算研究不同合金元素对(Cr,Fe)₇C₃ 力学和热学性质的影响。由于(Cr,Fe)₇C₃ 在高铬铸铁中定向生长成六棱柱状，具有明显的取向性，本章也着重研究其力学和热学性质的各向异性。

5.1　计算方法与参数

价电子与离子实之间的相互作用通过超软赝势来表示。交换关联能通过自旋广义梯度近似中 Perdew-Burke-Ernzerhof for soild（PBEsol）描述[131]，PBEsol 是一种针对致密固体及其表面性质进行更精确描述的改进的 PBE 泛函。经过收敛性测试，平面波的最大截止能选为 500 eV，第一布里渊区 k 点的选择使用 Monkhorst-Pack 方法，正交晶系 k 点的取值为 12×8×4，六方晶系 k 点的取值为 12×8×8。在对结构进行优化过程中，总能量的变化最终收敛到 $1×10^{-6}$ eV，与此同时，每个原子力降低到 0.01 eV/Å。原子价电子层的结构分别选为 Fe $3d^6 4s^2$、C$2s^2 2p^2$、B $2s^2 2p^1$、Cr $3s^2 3p^6 3d^5 4s^1$、Mo $4s^2 4p^6 4d^5 5s^1$ 和 W $5s^2 5p^6 5d^4 6s^2$。晶体的声子谱采用有限位移法（finite displacement method）计算得到。

5.2　*o*-M₇C₃ 型碳化物

如第 3 章所述，(Cr,Fe)₇C₃ 型碳化物晶型包括正交结构和六方结构两种类型。目前高铬铸铁中的(Cr,Fe)₇C₃ 强化相为六方结构已被广泛接受，由于正交结构的

（Cr,Fe）$_7$C$_3$ 的衍射谱与之类似，仍有可能存在于钢铁中。文献[41]报道，正交结构能够用热压烧结法进行制备，因此，研究 o-Cr$_7$C$_3$ 的力学和热学性质是非常有意义的。本节主要研究 Fe、W、Mo 和 B 等抗磨钢铁中常见的合金元素对 o-Cr$_7$C$_3$ 力学与热学性质的影响及其物理本质，重点探讨其力学和热学性质的各向异性。o-Cr$_7$C$_3$ 的晶体结构示意图如图 5.1 所示，与第 4 章中的 o-Fe$_7$C$_3$ 具有相同的晶体结构。前期研究已经对不同构型进行计算，确定了能量最低的晶胞构型[43,132]。本章根据前期研究结果搭建模型，原子坐标与结构参数见附表 2。

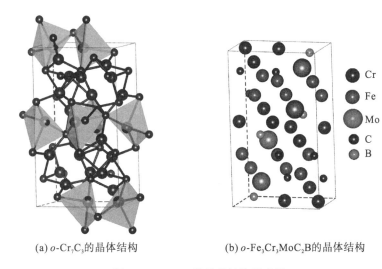

(a) o-Cr$_7$C$_3$的晶体结构　　　　　(b) o-Fe$_3$Cr$_3$MoC$_2$B的晶体结构

图 5.1　o-Cr$_7$C$_3$ 的晶体结构示意图

5.2.1　合金化对弹性模量与硬度的影响

计算弹性模量前，首先由应力-应变方法计算出弹性常数矩阵$[C_{ij}]$，弹性柔度系数矩阵 S_{ij} 与之互为逆矩阵$[C_{ij}]^{-1}=[S_{ij}]$。表 5.1 为 o-Cr$_7$C$_3$ 型多元碳化物的弹性柔度系数矩阵。

表 5.1　o-Cr$_7$C$_3$ 型多元碳化物的弹性柔度系数矩阵

种类	S_{11}	S_{22}	S_{33}	S_{44}	S_{55}	S_{66}	S_{12}	S_{13}	S_{23}
Cr$_7$C$_3$	0.0034	0.0070	0.0055	0.0058	0.0058	0.0086	−0.0016	−0.0003	−0.0044
Fe$_4$Cr$_3$C$_3$	0.0033	0.0068	0.0056	0.0051	0.0051	0.0082	−0.0015	−0.0007	−0.0041
Fe$_4$Cr$_3$C$_2$B	0.0036	0.0072	0.0060	0.0061	0.0052	0.0087	−0.0016	−0.0005	−0.0047
Fe$_3$Cr$_3$WC$_3$	0.0028	0.0069	0.0051	0.0045	0.0046	0.0077	−0.0015	−0.0003	−0.0043
Fe$_3$Cr$_3$MoC$_3$	0.0031	0.0076	0.0057	0.0047	0.0047	0.0079	−0.0015	−0.0003	−0.0049
Fe$_3$Cr$_3$WC$_2$B	0.0032	0.0072	0.0056	0.0064	0.0059	0.0086	−0.0018	−0.0002	−0.0045
Fe$_3$Cr$_3$MoC$_2$B	0.0033	0.0086	0.0062	0.0070	0.0054	0.0090	−0.0021	−0.0002	−0.0052

　　由 Voigt-Ruess-Hill 近似计算得到 o-Cr$_7$C$_3$ 型多元碳化物的体模量和剪切模量，进而计算 B/G，判断合金元素对 o-Cr$_7$C$_3$ 型多元碳化物脆韧性的影响，结果如图 5.2(a)所示。不同合金化的 o-Cr$_7$C$_3$ 型多元碳化物的 B/G 值均大于 1.57，说明这些碳化物都为韧性。此外，由于 Fe$_3$Cr$_3$MoC$_3$ 具有最低的剪切模量，其 B/G 值最大，其韧性相对其他碳化物更好，说明 Mo 的掺杂能提高 o-Cr$_7$C$_3$ 的韧性。

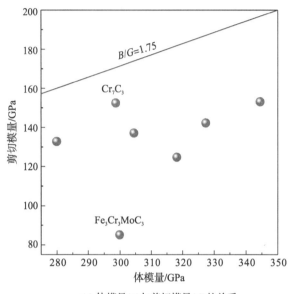

(a) 体模量(B)与剪切模量(G)的关系

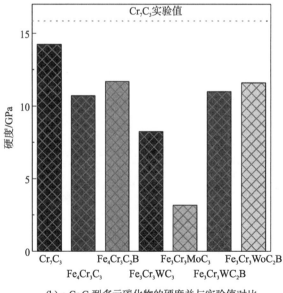

(b) o-Cr$_7$C$_3$型多元碳化物的硬度并与实验值对比

图 5.2　o-Cr$_7$C$_3$ 型多元碳化物的脆韧性与硬度

$Fe_4Cr_3C_2B$ 具有最高的剪切模量，导致其 B/G 值最小，其脆性相对其他碳化物较大，说明 B 的掺杂能使其脆性提高。图 5.2(b) 为采用 Chen 模型计算的 o-Cr_7C_3 型多元碳化物的硬度，并与实验值对比[41]，发现计算的纯 Cr_7C_3 硬度比实验值略低，是由于计算模型和实验测量的差异。合金元素的加入降低了 Cr_7C_3 的硬度，其中 $Fe_3Cr_3MoC_3$ 的硬度最低。

5.2.2　热膨胀系数的各向异性

由于 o-Cr_7C_3 型多元碳化物晶胞结构复杂，很难计算获得稳定的声子谱，本节通过准谐近似结合德拜模型来计算 o-Cr_7C_3 型多元碳化物的热膨胀系数和等压热容 (C_p) 等性质。计算得到的等压热容 (C_p) 如图 5.3(a) 所示，含不同合金元素的 o-Cr_7C_3 型多元碳化物等压热容接近，说明合金元素对其热容的影响较小。图 5.3(a) 也提供了 o-Cr_7C_3 等压热容的实验值[133]，纯 o-Cr_7C_3 的计算值与实验值较接近。计算出等容热容 (C_V) 后，等压热容 (C_p) 与等容热容 (C_V) 的差值直接反映碳化物体积热膨胀系数，其结果如图 5.3(b) 所示。可看到 Cr_7C_3、$Fe_3Cr_3MoC_3$、$Fe_3Cr_3WC_2B$ 和 $Fe_3Cr_3MoC_2B$ 热容差值随温度呈线性增加，但对于 $Fe_4Cr_3C_3$、$Fe_4Cr_3C_2B$ 和 $Fe_3Cr_3WC_3$，增幅更大。此外，对于 $Fe_3Cr_3MoC_2B$，其 C_p-C_V 值接近零，说明 $Fe_3Cr_3MoC_2B$ 具有非常低的热膨胀系数。

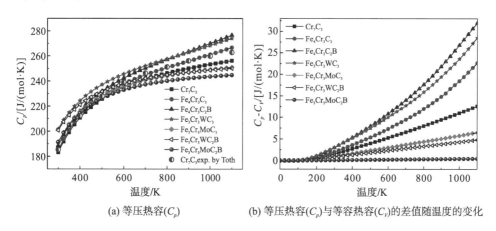

(a) 等压热容 (C_p)　　　　　　　(b) 等压热容 (C_p) 与等容热容 (C_V) 的差值随温度的变化

图 5.3　o-Cr_7C_3 型多元碳化物的热容

图 5.4(a) 为 o-Cr_7C_3 型多元碳化物的体积热膨胀系数，热膨胀反映材料结构在有限温度下的非谐效应。可以看到，Fe 和 Mo 的共掺降低了纯 o-Cr_7C_3 的热膨胀系数，B 引入 $Fe_3Cr_3MoC_3$ 进一步降低了热膨胀系数。与 $Fe_4Cr_3C_3$ 相比，W 掺杂以及 B 掺杂 $Fe_4Cr_3C_3$ 的热膨胀系数比纯 o-Cr_7C_3 要高，所以，在这些碳化物中，$Fe_4Cr_3C_2B$ 和 $Fe_3Cr_3MoC_2B$ 的体积热膨胀系数分别为最大值和最小值。热应力和

热疲劳裂纹一般都是由热膨胀的各向异性引起的，由于体积膨胀和压缩互为逆过程，在得到体积热膨胀系数之后，沿不同方向的热膨胀系数可由线性压缩关系得到，第 2 章已介绍具体方法。各向异性的线膨胀系数见图 5.4(b)～图 5.4(d)，沿 [100] 方向的线膨胀系数趋势与体积热膨胀系数一致，但是 $Fe_3Cr_3WC_3$ 沿 [010] 方向的线膨胀系数则超过 $Fe_4Cr_3C_2B$。与此同时，$Fe_3Cr_3WC_2B$ 沿 [001] 方向的线膨胀系数也超过 $Fe_3Cr_3MoC_3$。从每种碳化物沿 [100]、[010] 和 [001] 方向的线膨胀系数 α_a、α_b 和 α_c 随温度的变化可以看出 (附图 4)，对于所有的 $o\text{-}Cr_7C_3$ 型多元碳化物，沿 [100]、[010] 和 [001] 方向的线膨胀系数顺序为 $\alpha_a > \alpha_b > \alpha_c$，表明热膨胀的强烈各向异性。合金元素对 Cr_7C_3 热膨胀系数的影响较大，但是对热膨胀各向异性的影响较小。

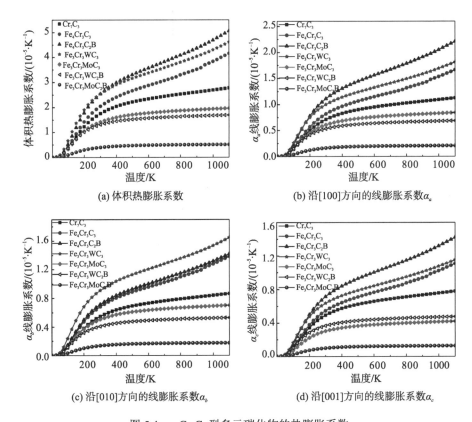

(a) 体积热膨胀系数

(b) 沿 [100] 方向的线膨胀系数 α_a

(c) 沿 [010] 方向的线膨胀系数 α_b

(d) 沿 [001] 方向的线膨胀系数 α_c

图 5.4 $o\text{-}Cr_7C_3$ 型多元碳化物的热膨胀系数

5.2.3 合金化对高温力学稳定性的影响

图 5.5(a) 为计算得到的 $o\text{-}Cr_7C_3$ 型多元碳化物的振动熵，并与利用晶格反演法得到的原子间相互作用势的计算结果进行对比[49]，同时与用实验测得的 C_p 值计算

得到的振动熵对比[133]。由于本节计算未考虑构型熵和电子对熵的贡献，计算得到的 o-Cr_7C_3 的熵值略小于用实验 C_p 值计算得到的振动熵。此外，可以明显看到合金元素能够提高 o-Cr_7C_3 型多元碳化物的熵值，这是由于与纯 o-Cr_7C_3 相比，合金元素使结构更加无序化，而高熵效应有助于固相的稳定。

为了研究温度对力学性质的影响，计算得到等温体模量(B_T)和等熵体模量(B_S)随温度的变化，如图 5.5(b)所示。两种弹性模量都随温度升高而降低，且 B_S 的值比 B_T 要大。对于 $Fe_3Cr_3MoC_3$、$Fe_3Cr_3WC_2B$ 和 $Fe_3Cr_3MoC_2B$，其 B_T 和 B_S 随温度的变化较小，表明 $Fe_4Cr_3C_3$ 中 B 与 Mo 共掺或者 B 与 W 共掺能提高其弹性耐热性(即随温度升高其弹性模量变化小)，用 Mo 取代部分 Fe 和 Cr 原子也能够显著提高其高温力学性能，弹性耐热性的改善可以归结于固溶强化。另外，$Fe_3Cr_3WC_3$、$Fe_4Cr_3C_2B$ 和 $Fe_4Cr_3C_3$ 的弹性耐热性能与纯 Cr_7C_3 相比反而变差。

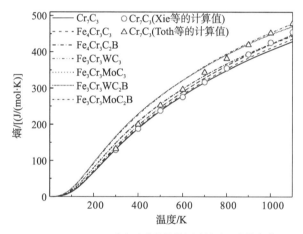

(a) o-Cr_7C_3 型多元碳化物的振动熵随温度的变化

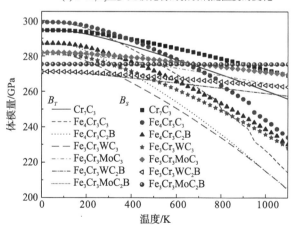

(b) o-Cr_7C_3 型多元碳化物的等温体模量 B_T 和等熵体模量 B_S

图 5.5 o-Cr_7C_3 型多元碳化物的热力学性质

拟合二阶状态方程（equations of states，EOS）能够得到体模量对压力的一阶导数 B'，总结到表 5.2 中，小的 B' 值表明物相在高压下很难压缩，$Fe_3Cr_3MoC_2B$ 具有最小的 B'，说明这些 o-Cr_7C_3 型多元碳化物中 $Fe_3Cr_3MoC_2B$ 在高压下最难压缩。格林艾森常数 γ 反映晶格的非谐效应，其值如表 5.2 所示。在德拜模型的框架下，得到的格林艾森常数仅为热力学宏观统计值，格林艾森常数越大，说明晶体结构的非谐效应越强。$Fe_3Cr_3MoC_2B$ 和 $Fe_3Cr_3WC_2B$ 的格林艾森常数较小，说明其非谐效应较弱。$Fe_4Cr_3C_2B$ 的格林艾森常数最大，说明其非谐效应最强。这会造成 $Fe_4Cr_3C_2B$ 的热膨胀系数最大以及 $Fe_3Cr_3MoC_2B$ 的热膨胀系数最小，与前面热膨胀系数的计算结果相一致。

表 5.2　o-Cr_7C_3 型多元碳化物在 $0\sim1000$ K 体模量对于压力的一阶导数 B' 和格林艾森常数 γ

种类	Cr_7C_3	$Fe_4Cr_3C_3$	$Fe_4Cr_3C_2B$	$Fe_3Cr_3WC_3$	$Fe_3Cr_3MoC_3$	$Fe_3Cr_3WC_2B$	$Fe_3Cr_3MoC_2B$
B'	3.56~4.36	4.04~8.38	4.61~7.27	4.44~7.06	2.72~2.97	2.38~2.50	1.00
γ	1.59~1.68	1.74~1.99	2.07~2.35	1.98~2.24	1.19~1.23	1.02~1.05	0.334

5.2.4　热导率的各向异性

基于第一性原理计算大型复杂晶胞的热导率及其各向异性需要巨大的计算资源，因为采用常规的弛豫时间近似考虑声子散射必须计算得到完整的声子谱，而本章研究的 o-Cr_7C_3 型多元碳化物很难计算得到稳定而没有虚频的声子谱。当材料应用于高温下时，高温极限热导率更有意义，其值能通过半经验模型获得。本章采用基于 Clarke 模型以及各向异性杨氏模量的张量，得到平行和垂直于晶面方向的高温极限热导率，避免了复杂声子谱计算。由计算得到的 o-Cr_7C_3 型多元碳化物单晶极限热导率各向异性的三维曲面如图 5.6 所示。可以看到曲面图的形状不是球形，说明极限热导率的各向异性较强，并且所有 o-Cr_7C_3 型多元碳化物的极限热导率各向异性都很相似。

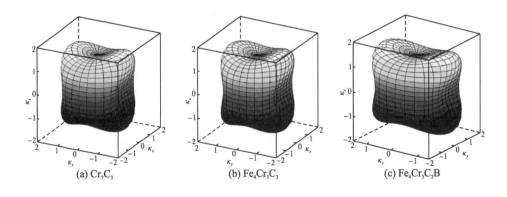

(a) Cr_7C_3　　　　　　　　(b) $Fe_4Cr_3C_3$　　　　　　　　(c) $Fe_4Cr_3C_2B$

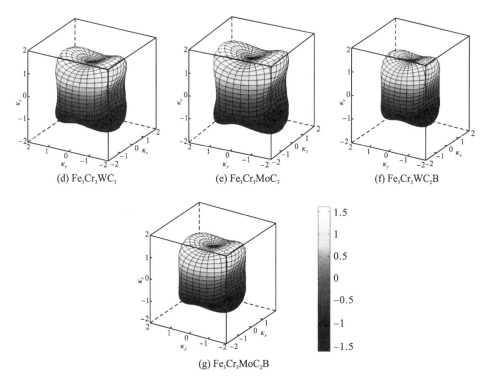

图 5.6　o-Cr$_7$C$_3$ 型多元碳化物极限热导率各向异性的三维曲面图［单位为 W/(m·k)］

　　沿[001]、[010]、[100]和[1$\overline{1}$0]晶向，o-Cr$_7$C$_3$ 型多元碳化物极限热导率在(100)、(010)、(001)和(110)晶面上的投影如图 5.7 所示。碳化物的热导率在陶瓷材料中较高，本书预测的极限热导率在 2.0 W/(m·K)左右，与实际值相比偏低。这是由于仅考虑晶格热导率，忽略电子的热传输贡献。极限热导率的各向异性与杨氏模量的各向异性密切相关，可以看到在(100)和(110)晶面上沿[011]和[1$\overline{1}$1]方向的极限热导率升高，沿[010]方向的极限热导率降低。沿[100]和[1$\overline{1}$0]晶向，Fe$_3$Cr$_3$WC$_3$和 Fe$_3$Cr$_3$MoC$_2$B 的极限热导率最接近。在(010)晶面沿[101]方向，Fe$_4$Cr$_3$C$_3$ 的极限热导率比其他化合物都大。Fe$_3$Cr$_3$WC$_2$B 的极限热导率在所有碳化物中最低，主要原因是 W 原子质量很大，且 W、Fe、Cr、C、B 的原子质量和半径相差较大，不同原子的振动频率不同，能够减弱晶格的振动。随着温度升高，声子频率升高，平均自由程降低到与平均原子间距相等，所以声子传输受阻碍，晶体热导率低。在 Clarke 模型的假设下，非谐效应对极限热导率的影响非常小，所以格林艾森常数与极限热导率的关系很弱。

　　热导率的各向异性在特定情况下起到很重要的作用，每种 o-Cr$_7$C$_3$ 型多元碳化物极限热导率在(100)、(010)、(001)和(110)晶面上的投影轨迹如图 5.8 所示，可以看到这些化合物沿[010]和[110]晶向的极限热导率比沿其他晶向的值都低。

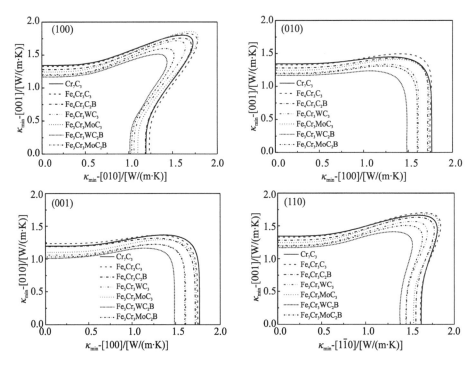

图 5.7　o-Cr$_7$C$_3$ 型多元碳化物极限热导率在(100)、(010)、(001)和(110)晶面上的投影轨迹

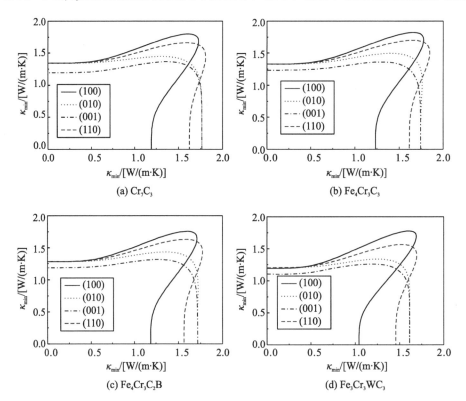

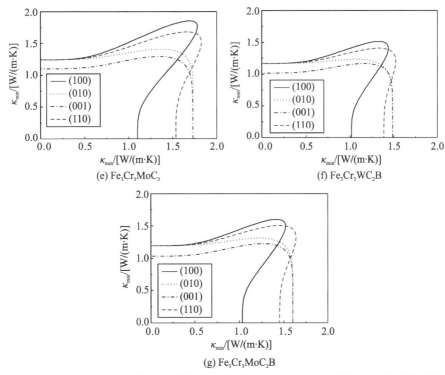

图 5.8　每种 o-Cr$_7$C$_3$ 型多元碳化物极限热导率在(100)、(010)、(001)和(110)晶面的投影轨迹

5.2.5　电子结构特征

第一性原理计算的优势在于能够揭示宏观性质背后的物理本质，寻找其电子层次的起源。为了更深入地认识 o-Cr$_7$C$_3$ 型多元碳化物热物理性质不同的本质原因，选取各种碳化物在(010)晶面上的差分电荷密度分布图如图 5.9 所示。Mo、W、Cr、Fe 周围区域电子非局域化程度最大，C 和 B 周围区域电子局域化程度最大。Fe、W、Mo 和 B 原子的引入能够改变碳化物的化学键类型以及晶体结构的复杂程度，对晶体结构的非谐性有重要影响。与纯 o-Cr$_7$C$_3$ 相比，Fe 掺杂 Cr$_7$C$_3$ 中 Fe 和 C 原子间的电子离域程度很大，表明 Fe—C 键比 Cr—C 键弱。对于 B 掺杂 Fe$_4$Cr$_3$C$_3$，B 原子取代 C 原子，B 的电负性比 C 的电负性弱，使得 B 与金属原子之间的相互作用弱于 C 与金属原子之间的作用。此外，Fe$_4$Cr$_3$C$_3$ 和 Fe$_4$Cr$_3$C$_2$B 中的 Fe 与 Cr 之间有很强的排斥力，这导致 Fe$_4$Cr$_3$C$_3$ 和 Fe$_4$Cr$_3$C$_2$B 热膨胀系数大以及体模量随温度的升高而急剧降低。W 掺杂 Fe$_4$Cr$_3$C$_3$ 与 Mo 掺杂 Fe$_4$Cr$_3$C$_3$ 相比，W 原子之间的排斥比 Mo 原子之间强，这也导致 Fe$_3$Cr$_3$WC$_3$ 热膨胀系数较大。分析 Fe$_3$Cr$_3$WC$_2$B 和 Fe$_3$Cr$_3$MoC$_2$B，B 原子周围电子高度局域化，可以看到 B 和 W 之间强烈的共价键，以及 B 和 Mo 之间强烈的共价键，所以 B、W 和 Mo 的引入能够提高共价键在化学键总量中的比例，从而降低热膨胀系数。

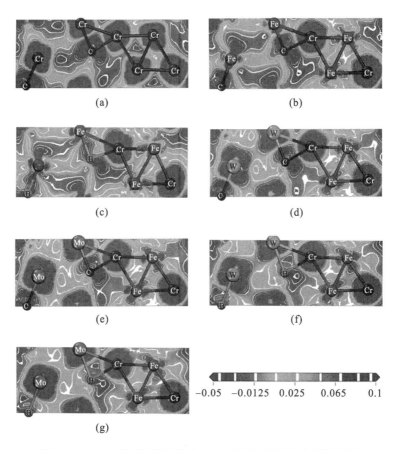

图 5.9　o-Cr_7C_3 型多元碳化物在 (010) 晶面上的差分电荷密度图

总之，化学键的组成和强度决定了 o-Cr_7C_3 型多元碳化物单晶的热物理性质，其中共价键起到了决定性作用。o-Cr_7C_3 型多元碳化物中原子间相互作用是非常复杂的，本书仅以 (010) 晶面上的差分电荷密度分析为例，对热物理性质的差异提供一些解释。更多化学键的信息可以通过化学键 Mulliken 布居数分析得到，包括化学键键长和键强等。

5.3　h-M_7C_3 型碳化物

通过第 3 章的分析，目前 M_7C_3 型碳化物在高铬铸铁中以六方晶系 (空间群 $P6_3mc$) 为主，除 Cr 和 Fe 外，抗磨铸铁中常加入的一些合金元素如 W、Mo、B 等也会溶入 h-$(Fe,Cr)_7C_3$ 中形成多元超结构相，本节以可能形成的有序固溶体为例，探讨合金元素交互作用对 h-M_7C_3 型碳化物结构、力学各向异性和热学性质的影响。

5.3.1 晶胞参数与原子构型

图 5.10(a) 为 h-Cr_7C_3 的晶体结构，与第 4 章中 h-Fe_7C_3 具有相同的晶体结构，单个晶胞中含有 20 个原子、14 个 Cr 原子、6 个 C 原子。其中金属原子有三个不同的 Wyckoff 位置(2b、6c 和 6c)，非金属原子有一个 Wyckoff 位置(6c)。由于 Fe、Mo 和 W 原子能够固溶进 Cr_7C_3 中占据 Cr 原子的位置，B 原子固溶进 Cr_7C_3 中占据 C 原子的位置，本章仅考虑合金原子有序排列的情况，形成 h-Cr_7C_3 型有序置换式固溶体。将不同的合金原子取代不同的 Wyckoff 位置，并比较其总能量。在考虑所有可能的构型并计算其总能量后，选取化学计量比相同的构型中总能量最低的结构，进行接下来的性质计算。图 5.10(b) 为 $Cr_3Fe_3Mo_{0.5}W_{0.5}C_2B$ 能量最低构型的晶体结构示意图。由于 h-M_7C_3 型碳化物作为初生相在高铬铸铁中倾向于沿 c 轴[0001]方向择优生长，形成六棱柱状，图 5.10(c) 为 Cr_7C_3 的 1×1×15 超晶胞结构示意图。

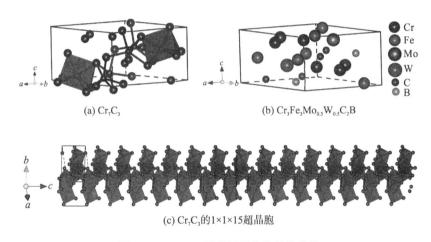

(a) Cr_7C_3

(b) $Cr_3Fe_3Mo_{0.5}W_{0.5}C_2B$

(c) Cr_7C_3的1×1×15超晶胞

图 5.10　h-Cr_7C_3 型多元碳化物晶体结构

表 5.3 为化学计量比相同的构型中总能量最低结构的原子坐标。Fe、W、Mo 等原子与 Cr 原子半径有差距，B 原子和 C 原子的半径也不同，这导致含不同合金元素的 h-Cr_7C_3 型碳化物体积和密度不同。图 5.11 为 h-Cr_7C_3 型多元碳化物晶格常数随密度的增大而变化的趋势，可以看到晶格常数 a 的变化趋势与 c 的变化趋势相反，即 a 变大时，c 反而减小，这可能是由于合金原子掺杂的 Wyckoff 位置不同，晶格沿不同晶向的畸变不同。

表 5.3　h-Cr$_7$C$_3$ 型多元碳化物晶体结构数据及原子位置坐标

物相	空间群	Z	体积/Å³	密度/(g/cm³)	2b (0.3333, 0.6667,0.818)	6c (0.4563, 0.5437,0.318)	6c (0.1219, 0.8781,0)	6c (0.187, 0.813,0.58)
Cr$_7$C$_3$	$P6_3mc$ (186)	2	187.0	7.10	Cr	Cr	Cr	C
Cr$_4$Fe$_3$C$_3$	$P6_3mc$ (186)	2	179.9	7.49	Cr	Cr	Fe	C
Cr$_4$Fe$_3$C$_2$B	$P6_3mc$ (186)	2	181.9	7.60	Cr	Cr	Fe	C/B
Cr$_3$Fe$_3$MoC$_3$	$P6_3mc$ (186)	2	190.0	7.86	Mo	Cr	Fe	C
Cr$_3$Fe$_3$WC$_3$	$P6_3mc$ (186)	2	191.0	7.96	W	Cr	Fe	C
Cr$_3$Fe$_3$MoC$_2$B	$P6_3mc$ (186)	2	191.9	8.60	Mo	Cr	Fe	C/B
Cr$_3$Fe$_3$WC$_2$B	$P6_3mc$ (186)	2	193.0	8.69	W	Cr	Fe	C/B
Cr$_3$Fe$_3$Mo$_{0.5}$W$_{0.5}$C$_3$	$P6_3mc$ (186)	2	190.8	9.33	Mo/W	Cr	Fe	C
Cr$_3$Fe$_3$Mo$_{0.5}$W$_{0.5}$C$_2$B	$P6_3mc$ (186)	2	192.4	9.45	Mo/W	Cr	Fe	C/B

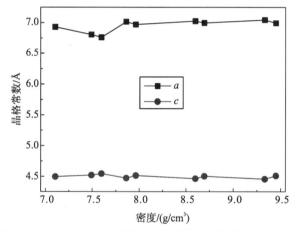

图 5.11　h-Cr$_7$C$_3$ 型多元碳化物晶格常数随碳化物密度的变化

　　合金原子的掺杂对 h-Cr$_7$C$_3$ 的晶格常数产生较大改变，因此需要进行结构弛豫，确定平衡体积。图 5.12 为结构弛豫后，采用固体状态方程拟合得到的 h-Cr$_7$C$_3$ 型多元碳化物的能量-体积曲线。硼原子半径比碳原子大，铬原子半径比铁原子大，但小于钼原子和钨原子，这造成不同原子掺杂后，h-Cr$_7$C$_3$ 型碳化物的晶胞体积发生不同的变化。

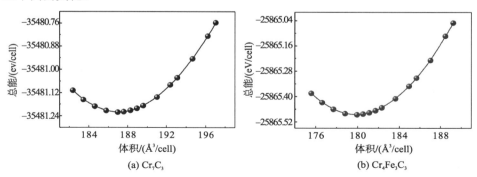

(a) Cr$_7$C$_3$　　　　　　　　　　　　(b) Cr$_4$Fe$_3$C$_3$

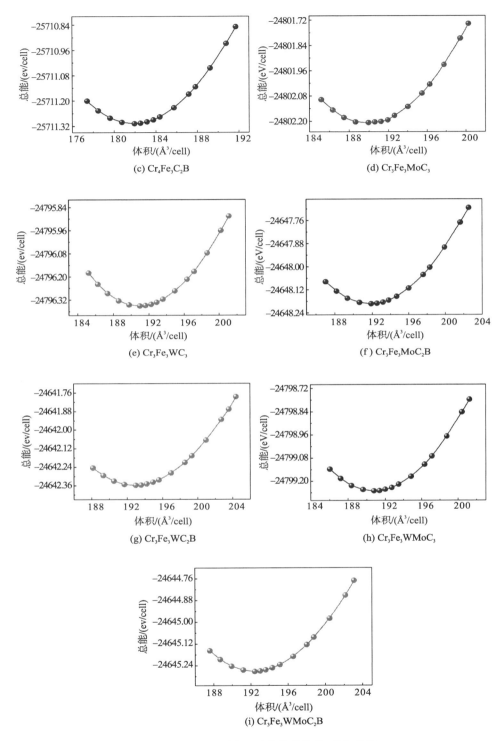

图 5.12　*h*-Cr₇C₃ 型多元碳化物的能量-体积曲线

5.3.2 电子结构分析

作为高铬抗磨钢铁中的主要强化相,多种合金元素进入 h-Cr_7C_3 型多元碳化物中,通过改变其电荷分布和键合特征来改变其力学性质。同时,高铬含量的抗磨钢铁经常用于高温磨损环境中,脆韧性的控制和抗氧化性的改善是研究此类强化相的两大主要问题。抗氧化性与材料的化学稳定性密切相关,而化学稳定性可以简单地从体系的电子态密度分析看出。图 5.13(a) 为 h-Cr_7C_3 型多元碳化物电子态密度分布图,可知本节的所有 h-Cr_7C_3 型多元碳化物费米面处的态密度不为零且数值较高,说明都为导体,且由于自由电子的存在,化学性质较为活泼,易氧化。如图 5.13(b) 所示,将费米面附近的电子态密度放大,可以看到纯 Cr_7C_3 在费米面处的电子态密度最低,说明其化学稳定性最好,抗氧化性最强,$Cr_3Fe_3MoC_3$ 在费米面处的电子态密度最高,说明 Mo 掺杂会使其抗氧化性减弱。$Cr_3Fe_3WC_2B$ 在费米面处的电子态密度比 $Cr_4Fe_3C_3$ 低,说明 W 和 B 的共掺能够提高其抗氧化性。此外,从图 5.13(b) 中可以明显看出,除 Cr_7C_3 外,含 B 的多元相在费米面处的电

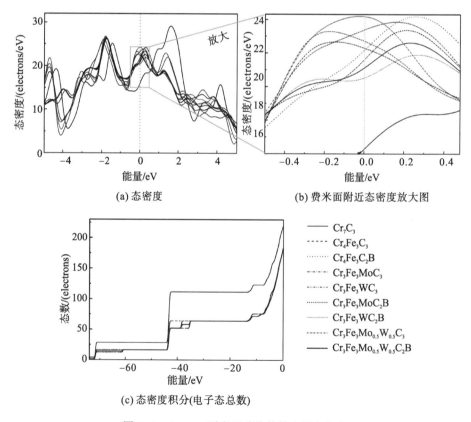

(a) 态密度

(b) 费米面附近态密度放大图

——	Cr_7C_3
----	$Cr_4Fe_3C_3$
·····	$Cr_4Fe_3C_2B$
-·-·-	$Cr_3Fe_3MoC_3$
-··-··-	$Cr_3Fe_3WC_3$
········	$Cr_3Fe_3MoC_2B$
-----	$Cr_3Fe_3WC_2B$
-·-·-	$Cr_3Fe_3Mo_{0.5}W_{0.5}C_3$
——	$Cr_3Fe_3Mo_{0.5}W_{0.5}C_2B$

(c) 态密度积分(电子态总数)

图 5.13　h-Cr_7C_3 型多元碳化物的电子态密度

子态密度都比不含 B 的碳化物的电子态密度低，化学稳定性更高，说明 B 的掺杂能够有效地改善 $h\text{-}Cr_7C_3$ 型多元碳化物的抗氧化性。图 5.13(c) 为 $h\text{-}Cr_7C_3$ 型多元碳化物态密度的积分。

图 5.14 为 $Cr_4Fe_3C_3$、$Cr_3Fe_3WC_3$、$Cr_3Fe_3WC_2B$ 和 $Cr_3Fe_3Mo_{0.5}W_{0.5}C_2B$ 在 (0001)、$(10\bar{1}0)$ 和 $(\bar{1}100)$ 晶面的差分电荷密度图。C 和 B 周围的区域差分电荷密度为正值，说明原子得电子，Cr、Fe、Mo、W 周围的区域差分电荷密度为负值，说明原子失电子。四种多元碳化物在 (0001) 和 $(10\bar{1}0)$ 晶面上的差分电荷密度差别不大，但是 W、W+B 和 W+Mo+B 掺杂的三种碳化物 $(10\bar{1}0)$ 晶面上 Fe 和 Cr 原子周围非局域化程度减弱。同时，$(\bar{1}100)$ 晶面上差分电荷密度的分布变化很大，与 $Cr_4Fe_3C_3$ 相比，W、Mo 和 B 的引入使金属原子周围电子的非局域化程度减弱，最终影响材料的力学和热学性质等。此外，$(\bar{1}100)$ 晶面上沿 [0001] 和 $[1\bar{1}00]$ 晶向的化学键合状态与分布不同，最终也会造成碳化物性质的各向异性。

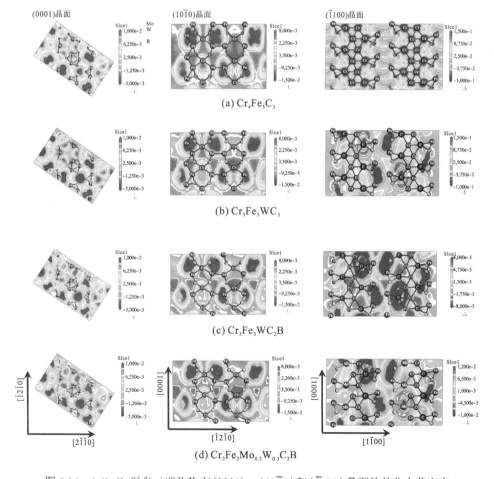

图 5.14　$h\text{-}Cr_7C_3$ 型多元碳化物在 (0001)、$(10\bar{1}0)$ 和 $(\bar{1}100)$ 晶面的差分电荷密度

5.3.3　合金化对力学各向异性的影响

h-Cr_7C_3 型多元碳化物的力学性质对抗磨钢铁材料的抗磨性、塑韧性产生较大影响。合金化会影响 h-Cr_7C_3 型多元碳化物的力学性质，但是不同的合金元素对 h-Cr_7C_3 型多元碳化物力学性质影响的定量化描述目前尚不清楚。本节采用第一性原理计算方法研究不同合金元素对 h-Cr_7C_3 型多元碳化物弹性的影响，并与采用相同参数计算的 h-Fe_7C_3 进行对比，结果如表 5.4 所示。在计算得到体系的弹性模量之后，仍然采用 Tian 模型和 Chen 模型简单估算 h-Cr_7C_3 型多元碳化物的本征硬度。

表 5.4　h-Cr_7C_3 型多元碳化物弹性常数(C_{ij})、体模量(B)、剪切模量(G)、杨氏模量(E)、B/G 值、泊松比(σ)和本征硬度(H_v)

物相	C_{11} /GPa	C_{33} /GPa	C_{44} /GPa	C_{12} /GPa	C_{13} /GPa	C_{66} /GPa	$C_{12}\sim$ C_{44} /GPa	B /GPa	G /GPa	E /GPa	B/G /GPa	σ /GPa	$H_{v\text{-Tian}}$ /GPa	$H_{v\text{-Chen}}$ /GPa
Cr_7C_3	571.5	484.5	167.8	168.3	269.7	201.6	0.45	338.1	164.1	423.7	2.06	0.29	15.0	14.0
Fe_7C_3	521.8	556.7	119.8	224.9	234.0	148.5	105.1	331.5	137.2	361.8	2.42	0.32	11.0	9.7
$Cr_4Fe_3C_3$	550.7	532.8	110.6	185.2	229.0	182.7	74.63	324.4	143.2	374.6	2.26	0.31	12.2	11.0
$Cr_4Fe_3C_2B$	553.3	403.3	115.7	194.0	214.0	167.3	78.24	298.0	131.4	343.6	2.27	0.31	11.5	10.3
$Cr_3Fe_3MoC_3$	491.3	342.9	61.1	202.4	212.4	144.4	141.36	282.6	92.86	251.1	3.04	0.35	6.4	4.7
$Cr_3Fe_3WC_3$	565.5	415.4	87.8	252.0	249.2	156.8	164.16	334.6	115.4	310.4	2.90	0.35	7.9	6.3
$Cr_3Fe_3MoC_2B$	546.4	429.8	135.0	190.5	204.9	166.0	55.55	300.2	145.3	375.4	2.07	0.29	13.7	12.8
$Cr_3Fe_3WC_2B$	544.9	403.6	104.2	203.9	234.7	145.3	99.64	311.3	123.6	327.5	2.52	0.32	9.8	8.4
$Cr_3Fe_3Mo_{0.5}$ $W_{0.5}C_3$	542.2	366.3	122.4	213.8	233.8	163.6	91.46	307.1	128.5	338.4	2.39	0.32	10.6	9.4
$Cr_3Fe_3Mo_{0.5}$ $W_{0.5}C_2B$	551.7	406.7	140.2	202.1	212.2	166.4	61.87	307.4	144.4	374.5	2.13	0.30	13.2	12.2

为了更直观地展示不同合金元素对力学性质影响的差异，将计算得到的 h-Cr_7C_3 型多元碳化物的弹性模量、B/G、泊松比和本征硬度减去 h-Fe_7C_3 的值，得到合金元素引起的 h-Cr_7C_3 型多元碳化物力学性质的变化，如图 5.15(a)所示。纯 Cr_7C_3 比 h-Fe_7C_3 的弹性模量高得多，而合金元素掺杂后的 h-Cr_7C_3 型多元碳化物的弹性模量与纯 Cr_7C_3 相比，都有所下降，其中 $Cr_3Fe_3MoC_3$ 下降得最为明显。相对于 h-Fe_7C_3，$Cr_4Fe_3C_3$、$Cr_3Fe_3MoC_2B$ 和 $Cr_3Fe_3Mo_{0.5}W_{0.5}C_2B$ 的剪切模量与杨氏模量有所提升，而体模量下降。B/G 作为一种常用的判断材料脆韧性的指标，其临界值为 1.75，表 5.4 已经表明，所有 h-Cr_7C_3 型多元碳化物和 h-Fe_7C_3 的 B/G 都大于 1.75，说明这些材料都为韧性。此外，图 5.15(b)表明，$Cr_3Fe_3MoC_3$、$Cr_3Fe_3WC_3$

和 Cr$_3$Fe$_3$WC$_2$B 的 B/G 比 h-Fe$_7$C$_3$ 的值大，说明其韧性强于 h-Fe$_7$C$_3$，而其余物相的韧性比 h-Fe$_7$C$_3$ 弱。另外，所有物相的柯西压力 C$_{12}$～C$_{44}$ 都为正值，也说明材料为韧性的。由表 5.4 所列的泊松比 (σ) 可知，其值都在 0.3 附近，说明其金属键特性较强。从图 5.15(c) 中可以发现，Cr$_3$Fe$_3$MoC$_3$ 和 Cr$_3$Fe$_3$WC$_3$ 的泊松比最大，结合 B/G 的分析可知，Mo 掺杂、W 掺杂以及 W 和 B 共掺杂能够改善 h-Cr$_7$C$_3$、h-Fe$_7$C$_3$ 和 (Cr,Fe)$_7$C$_3$ 的韧性。

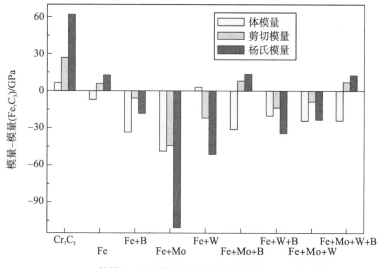

(a) 体模量、剪切模量和杨氏模量相对于 h-Fe$_7$C$_3$ 的变化

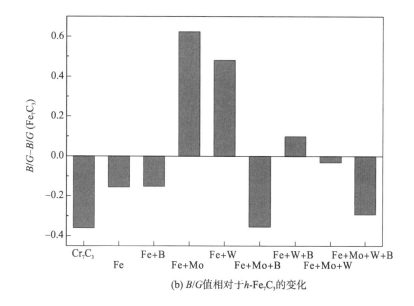

(b) B/G 值相对于 h-Fe$_7$C$_3$ 的变化

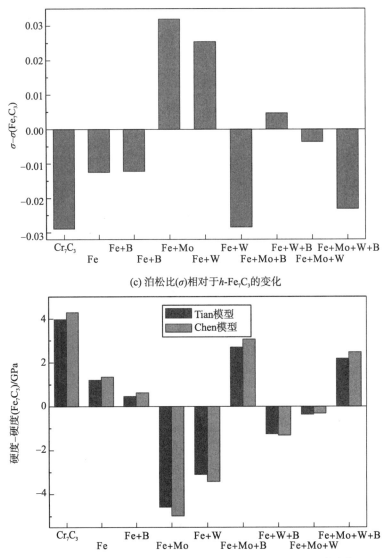

(c) 泊松比(σ)相对于h-Fe$_7$C$_3$的变化

(d) 基于Tian模型和Chen模型得到的本征硬度相对于h-Fe$_7$C$_3$的变化

图 5.15　h-Cr$_7$C$_3$ 型多元碳化物的力学性质

　　采用 Tian 模型和 Chen 模型计算得到的 h-Cr$_7$C$_3$ 型多元碳化物本征硬度如表 5.4 所示。Chen 模型预测的硬度值比 Tian 模型预测的值偏低。一般材料的韧性越强，其硬度会越低。h-Cr$_7$C$_3$ 型多元碳化物相对于 h-Fe$_7$C$_3$ 的硬度如图 5.15(d)所示，纯 Cr$_7$C$_3$ 的硬度最大，Cr$_3$Fe$_3$MoC$_2$B 和 Cr$_3$Fe$_3$Mo$_{0.5}$W$_{0.5}$C$_2$B 的硬度相对于 h-Fe$_7$C$_3$ 和 Cr$_4$Fe$_3$C$_3$ 也有较大提升，说明 Mo 和 B 共掺能够提高 h-(Cr,Fe)$_7$C$_3$ 的硬度。Cr$_3$Fe$_3$MoC$_3$ 和 Cr$_3$Fe$_3$WC$_3$ 的硬度相对于 h-Fe$_7$C$_3$、纯 Cr$_7$C$_3$ 和 h-(Cr,Fe)$_7$C$_3$ 来说下降幅度较大。

采用 Tian 模型计算的 h-Cr_7C_3 型多元碳化物硬度随 B/G 值的变化关系图如图 5.16 所示。硬度基本随 B/G 值的增大而降低，两者基本符合线性关系，通过线性拟合，得到 h-Cr_7C_3 型多元碳化物硬度和 B/G 值的关系为 $H_v = 29.4 - 7.6B/G$。与实验测得的高铬铸铁中 h-$(Cr,Fe)_7C_3$ 强化相的硬度进行对比，发现计算的 $Cr_4Fe_3C_3$ 的硬度与实验测得的共晶 $Cr_{3.75}Fe_{3.25}C_{2.99}$ 的硬度非常接近，但是低于实验测得的初生 $Cr_{3.78}Fe_{3.22}C_{2.99}$ 的硬度[9]。

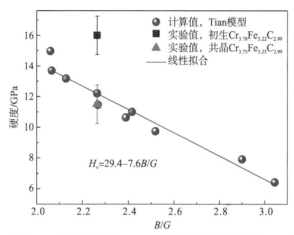

图 5.16　采用 Tian 模型计算的 h-Cr_7C_3 型多元碳化物硬度随 B/G 值的变化

如前所述，h-M_7C_3 型碳化物作为初生相在高铬铸铁中倾向于沿 z 轴[0001]方向择优生长，形成六棱柱状，因此其在钢铁中各向异性非常明显。研究合金元素对 h-Cr_7C_3 型多元碳化物力学各向异性的影响则尤为重要。本节仍然采用基于弹性常数矩阵的杨氏模量三维各向异性曲面图来研究其弹性的各向异性，如图 5.17 所示。可以看到，$Cr_4Fe_3C_3$、$Cr_3Fe_3MoC_3$ 和 $Cr_3Fe_3WC_3$ 的各向异性非常明显，沿 z 轴[0001]方向的杨氏模量比沿其他方向的都大。Cr_7C_3、$Cr_3Fe_3Mo_{0.5}W_{0.5}C_3$ 和 $Cr_3Fe_3Mo_{0.5}W_{0.5}C_2B$ 具有类似的杨氏模量各向异性，$Cr_4Fe_3C_2B$、$Cr_3Fe_3MoC_2B$ 和 $Cr_3Fe_3WC_2B$ 的各向异性较弱，其各向异性也很相似。而在抗磨钢铁的实际应用中一般不考虑取向性，故希望其中 M_7C_3 型强化相的力学各向异性越弱越好。

为进一步分析 h-Cr_7C_3 型多元碳化物的力学各向异性，作出了杨氏模量在 (0001)、$(10\bar{1}0)$ 和 $(\bar{1}100)$ 晶面的二维投影图，如图 5.18 所示。在 (0001) 晶面上，所有结构的杨氏模量各向异性都很弱。而在 $(10\bar{1}0)$ 和 $(\bar{1}100)$ 晶面上具有较强的各向异性，$Cr_4Fe_3C_3$、$Cr_3Fe_3MoC_3$ 和 $Cr_3Fe_3WC_3$ 沿[0001]、$[\bar{1}2\bar{1}0]$ 和 $[1\bar{1}00]$ 三个主轴方向的杨氏模量明显大于沿 $[\bar{1}2\bar{1}1]$ 和 $[1\bar{1}01]$ 方向的杨氏模量。对于不含合金元素纯的 h-Cr_7C_3，情况恰好相反，沿 $[\bar{1}2\bar{1}1]$ 和 $[1\bar{1}01]$ 方向的杨氏模量明显大于沿 [0001]、$[\bar{1}2\bar{1}0]$ 和 $[1\bar{1}00]$ 主轴方向的杨氏模量。其各向异性的根源是沿不同方向的原子排布和化学键强度不同，可以从图 5.14 中分析得到具体信息。

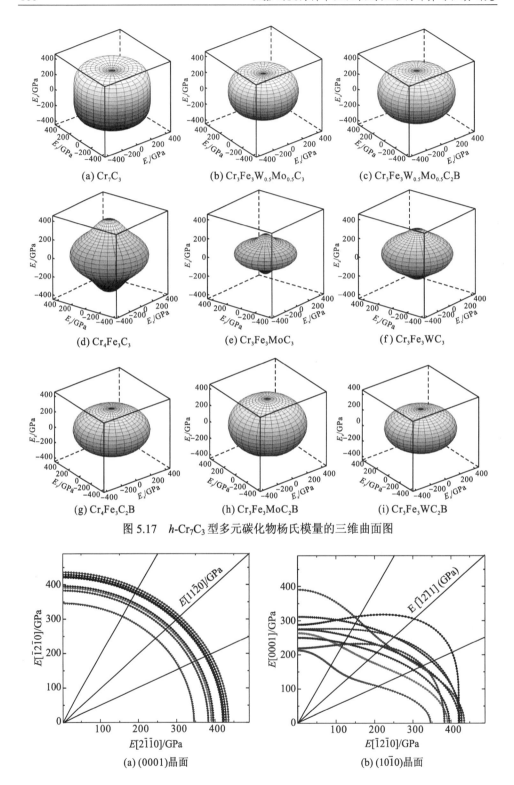

(a) Cr_7C_3　　　　　(b) $Cr_3Fe_3W_{0.5}Mo_{0.5}C_3$　　　　　(c) $Cr_3Fe_3W_{0.5}Mo_{0.5}C_2B$

(d) $Cr_4Fe_3C_3$　　　　　(e) $Cr_3Fe_3MoC_3$　　　　　(f) $Cr_3Fe_3WC_3$

(g) $Cr_4Fe_3C_2B$　　　　　(h) $Cr_3Fe_3MoC_2B$　　　　　(i) $Cr_3Fe_3WC_2B$

图 5.17　h-Cr_7C_3 型多元碳化物杨氏模量的三维曲面图

(a) (0001)晶面　　　　　　　　　　　　　　(b) (10$\bar{1}$0)晶面

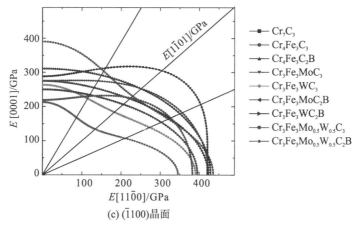

(c) $(\bar{1}100)$ 晶面

图 5.18　$h\text{-}Cr_7C_3$ 型多元碳化物杨氏模量在 (0001)、$(10\bar{1}0)$ 和 $(\bar{1}100)$ 晶面的二维投影图

　　温度对 $h\text{-}Cr_7C_3$ 型强化相的性质和应用有重要影响。通过准谐近似并结合固体状态方程，计算得到 $h\text{-}Cr_7C_3$ 型多元碳化物等温体模量 (B_T) 和等熵体模量 (B_S) 随温度的变化，如图 5.19 (a) 所示。两种模量都随温度升高而降低，且 B_S 的值比 B_T 要大。对于 $Cr_3Fe_3WC_2B$、$Cr_3Fe_3Mo_{0.5}W_{0.5}C_2B$ 和纯的 Cr_7C_3，其 B_T 和 B_S 随温度的升高而明显下降，$Cr_3Fe_3MoC_2B$ 的下降趋势比纯 Cr_7C_3 要小，表明同时引入 B 和 W 不利于其弹性耐热性。而用 Mo 或 W 取代部分 Fe 和 Cr 原子能够显著提高其高温力学性能，弹性耐热性也因为固溶强化作用得到改善。通过拟合二阶状态方程得到等温体模量对压力的一阶导数 $B_T{}'$，其随温度的变化如图 5.19 (b) 所示，小的 $B_T{}'$

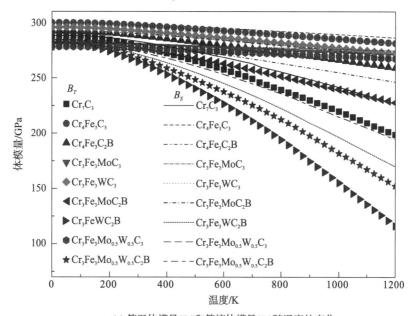

(a) 等温体模量 (B_T) 和等熵体模量 (B_S) 随温度的变化

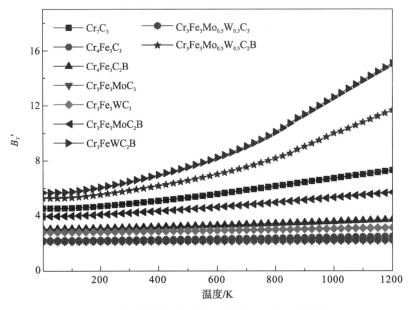

(b) 等温体模量对压力的一阶导数(B_T')随温度的变化

图 5.19 h-Cr$_7$C$_3$ 型多元碳化物高温力学性质

值表明物相在高压下很难压缩，Cr$_3$Fe$_3$WC$_2$B 和 Cr$_3$Fe$_3$Mo$_{0.5}$W$_{0.5}$C$_2$B 的 B_T' 值随温度的升高而增大的趋势明显，说明随温度的升高它们更容易压缩，也说明相对其他体系其弹性耐热性不好。

5.3.4　多元合金化对热学性质的影响

　　材料热力学性质与晶格振动有密切关系，晶格振动可通过计算声子谱表现。计算得到的声子谱图如图 5.20 所示。Cr$_7$C$_3$、Cr$_8$Fe$_6$C$_6$ 和 Cr$_8$Fe$_6$C$_4$B$_2$ 计算所得声子谱稳定没有虚频。原子质量大的金属原子振动频率低，原子质量小的非金属原子振动频率高。由于结构复杂，Cr$_6$Fe$_6$Mo$_2$C$_6$ 和 Cr$_6$Fe$_6$W$_2$C$_6$ 计算所得声子谱出现较大虚频，并且其虚频分别来源于 Fe 和 Mo 以及 Fe 和 W 原子的振动。因此，h-Cr$_7$C$_3$ 型强化相的热学性质无法完全采用声子谱结合准谐近似获得。考虑到比较性质差异时保持标准一致，将采用德拜模型计算 h-Cr$_7$C$_3$ 型强化相的热学性质。

　　图 5.21 为在德拜模型框架下计算得到的不同 h-Cr$_7$C$_3$ 型多元碳化物的振动熵，由于电子对熵的贡献较小，计算中并未考虑电子熵的贡献。Cr$_3$Fe$_3$WC$_2$B 和 Cr$_3$Fe$_3$Mo$_{0.5}$W$_{0.5}$C$_2$B 的振动熵较大，合金元素种类较多时，结构无序性也增强。

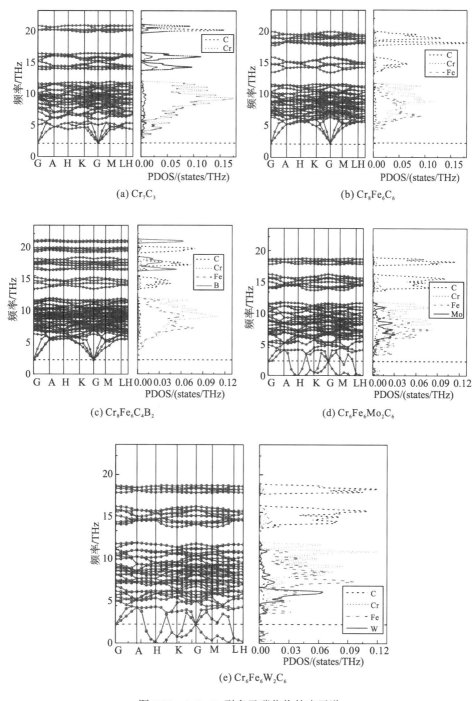

(a) Cr₇C₃

(b) Cr₈Fe₆C₆

(c) Cr₈Fe₆C₄B₂

(d) Cr₆Fe₆Mo₂C₆

(e) Cr₆Fe₆W₂C₆

图 5.20　h-Cr₇C₃ 型多元碳化物的声子谱

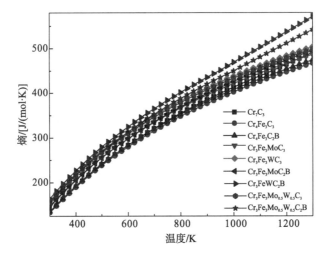

图 5.21　h-Cr$_7$C$_3$ 型多元碳化物的振动熵

图 5.22 为计算得到的 h-Cr$_7$C$_3$ 型多元碳化物的等容热容和等压热容，并比较考虑和不考虑热电子贡献时的差异。不考虑热电子贡献时，h-Cr$_7$C$_3$ 型多元碳化物的等容热容在高温下趋近于极限值 $3nR$，其中，n 为化学式的原子数，R 为理想气体常数。热电子对热容的贡献与电子态密度图中费米面处态密度有关，从图 5.22（a）可以发现，热电子对纯 Cr$_7$C$_3$ 热容的影响最小，这是因为纯 Cr$_7$C$_3$ 费米面处的电子态密度最低。从图 5.22（b）可以得到，Cr$_3$Fe$_3$WC$_2$B 的等压热容最高，在 1200 K 时，达到 400 J/（mol·K），其次为 Cr$_3$Fe$_3$Mo$_{0.5}$W$_{0.5}$C$_2$B。

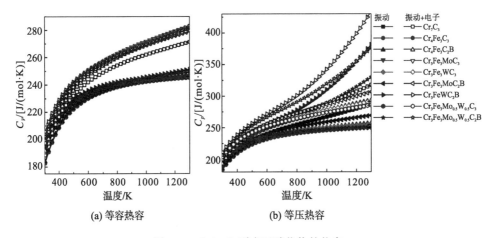

(a) 等容热容　　　　　　　　(b) 等压热容

图 5.22　h-Cr$_7$C$_3$ 型多元碳化物的热容

本节仍然通过准谐近似结合德拜模型来计算 h-Cr$_7$C$_3$ 型多元碳化物的热膨胀系数，同时比较考虑和不考虑热电子贡献时的差异，其结果如图 5.23（a）所示，可以看到，$Cr_3Fe_3WC_2B$ 和 $Cr_3Fe_3Mo_{0.5}W_{0.5}C_2B$ 的热膨胀系数随温度的升高变化幅度最大，热膨胀系数也最大。由于体积压缩和体积膨胀互为逆过程，这与前面 B_T、B_S 和 B_T' 的分析结果一致。$Cr_4Fe_3C_3$ 和 $Cr_3Fe_3Mo_{0.5}W_{0.5}C_3$ 的体积热膨胀系数最小，随温度的变化也最为平缓。作为高铬抗磨钢铁中的主要强化相，钢铁基体的热膨胀系数较大，高铬铸铁在 293～698 K 的线膨胀系数实验值为 $(13～18)×10^{-6}$ K^{-1}，则体积热膨胀系数为 $(3.9～5.4)×10^{-5}$ $K^{-1[1]}$，纯 α-Fe 在 500 K 时线膨胀系数实验值为 $1.5×10^{-5}$ K^{-1}，则体积热膨胀系数为 $4.5×10^{-5}$ K^{-1}，$Cr_3Fe_3WC_2B$ 和 $Cr_3Fe_3Mo_{0.5}W_{0.5}C_2B$ 的热膨胀系数与之较匹配，在 1200 K 时分别达到 $11×10^{-5}$ K^{-1} 和 $8×10^{-5}$ K^{-1}，高温下能够避免热应力集中导致裂纹的产生。此外，从前面分析可知，相较于 h-Fe_7C_3、纯 Cr_7C_3 和 h-$(Cr,Fe)_7C_3$，$Cr_3Fe_3Mo_{0.5}W_{0.5}C_2B$ 的弹性模量也较大。因此，从调节高铬抗磨钢铁中强化相和基体的热物理性质匹配上来看，进行适量 Mo、W 和 B 共掺不失为一种好的方法。图 5.23 (b) 和图 5.23 (c) 为利用体积压缩和膨胀与弹性柔度系数的比例关系得到的 h-Cr_7C_3 型多元碳化物沿 a 轴(即 $[2\bar{1}\bar{1}0]$) 和 c 轴(即 [0001]) 的线膨胀系数。不同碳化物沿两个方向线膨胀系数的相对值与体积热膨胀系数相同。$Cr_3Fe_3MoC_2B$ 和纯 Cr_7C_3 沿 c 轴与沿 a 轴的线膨胀系数相近。其他碳化物沿 c 轴的线膨胀系数明显大于 a 轴。

材料的非谐效应可以通过格林艾森常数来表征，本节基于宏观热力学统计，得到 h-Cr_7C_3 型多元碳化物的格林艾森常数随温度的变化，如图 5.23 (d) 所示。热膨胀系数就是材料非谐效应的体现，一般非谐效应越大，热膨胀系数越大，从图 5.23 (d) 可以看出，h-Cr_7C_3 型多元碳化物格林艾森常数的相对值趋势与图 5.23 (a) 中热膨胀系数的相对值趋势相符。

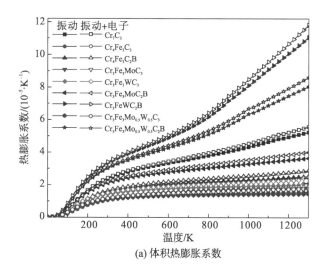

(a) 体积热膨胀系数

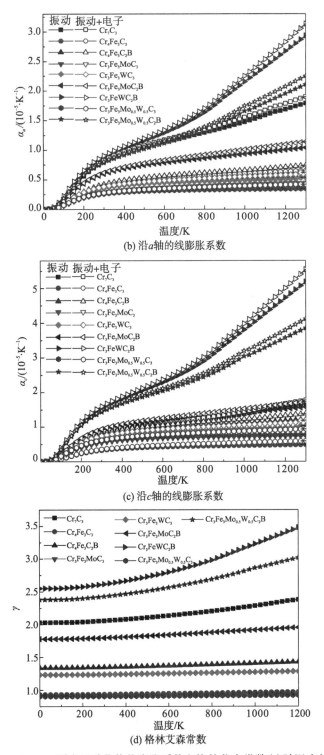

(b) 沿 a 轴的线膨胀系数

(c) 沿 c 轴的线膨胀系数

(d) 格林艾森常数

图 5.23 h-Cr$_7$C$_3$ 型多元碳化物热膨胀系数和格林艾森常数(γ)随温度的变化

5.3.5　Cr 含量对 h-$(Fe,Cr)_7C_3$ 力学各向异性的影响

第 2 章选取制备的过共晶高铬铸铁中初生相的金属原子比实验测定为 Fe：Cr =4.9：2.1。本节构筑 h-$(Fe,Cr)_7C_3$ 超晶胞，使 Fe 和 Cr 的原子比接近实验测定的结果。建立的 h-$Fe_{38}Cr_{18}C_{24}$ 晶体结构模型如图 5.24 所示。

图 5.24　h-$Fe_{38}Cr_{18}C_{24}$ 的晶体结构示意图

图 5.25 为计算得到的 h-$Fe_{38}Cr_{18}C_{24}$ 的杨氏模量在(0001)、$(10\bar{1}0)$ 和 $(\bar{1}100)$ 晶面沿不同晶向的各向异性投影图。$(10\bar{1}0)$ 和 $(\bar{1}100)$ 晶面上杨氏模量的各向异性明显强于(0001)晶面，并且沿[0001]晶向的杨氏模量大于沿其他方向的杨氏模量。

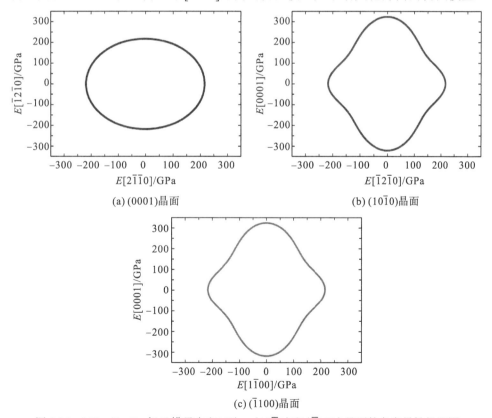

(a) (0001)晶面

(b) $(10\bar{1}0)$晶面

(c) $(\bar{1}100)$晶面

图 5.25　h-$Fe_{38}Cr_{18}C_{24}$ 杨氏模量在(0001)、$(10\bar{1}0)$ 和 $(\bar{1}100)$ 晶面的各向异性投影图

由于实验测定的 $(Fe,Cr)_7C_3$ 的元素含量仍然为半定量结果，本节在计算过程中适当调整模型中 Fe 与 Cr 的比例，计算获得几种不同配比的 $(Fe,Cr)_7C_3$ 型强化相沿不同方向的杨氏模量，如表 5.5 所示。$Fe_{42}Cr_{14}C_{24}$、$Fe_{38}Cr_{18}C_{24}$ 和 $Fe_{32}Cr_{24}C_{24}$ 沿[0001]方向的杨氏模量均大于沿其他方向的杨氏模量，$Fe_{38}Cr_{18}C_{24}$ 沿[0001]方向的杨氏模量达到 320 GPa，其他方向的杨氏模量则在 220 GPa 左右。计算结果可以与后面章节的实验测定结果对比验证，证明研究的可靠性。

表 5.5　几种 $(Fe,Cr)_7C_3$ 的弹性常数及沿不同方向的杨氏模量（单位：GPa）

物相	C_{11}	C_{33}	C_{44}	C_{12}	C_{13}	C_{66}	$E[\bar{1}2\bar{1}0]$	$E[2\bar{1}\bar{1}0]$	$E[1\bar{1}00]$	$E[0001]$
$Fe_{42}Cr_{14}C_{24}$	356.4	352.6	70.4	249.2	182.7	53.6	173	174	172	221
$Fe_{38}Cr_{18}C_{24}$	402.4	420.3	71.2	264.0	182.9	69.2	218	223	220	320
$Fe_{32}Cr_{24}C_{24}$	374.0	381.2	73.7	240.2	183.8	66.9	205	202	204	275

5.4　本 章 小 结

(1)采用基于密度泛函理论的第一性原理计算并结合准谐近似和德拜模型，预测了 Fe、W、Mo 和 B 等抗磨钢铁中常用合金元素对 o-Cr_7C_3 型与 h-Cr_7C_3 型强化相结构、化学键类型、力学各向异性和热学性质的影响，可为实验设计新型抗磨钢铁材料、提高材料性能提供指导。

(2) o-Cr_7C_3 型多元碳化物的热膨胀系数显示强烈的各向异性，沿[100]方向的线膨胀系数大于沿[010]和[001]方向的值，B 和 Mo 共掺能降低 $Fe_3Cr_3MoC_2B$ 的热膨胀系数，而 B 或 W 掺杂能提高热膨胀系数。随温度升高，B 和 Mo 或 B 和 W 的共掺能够使 $Fe_3Cr_3MoC_2B$ 与 $Fe_3Cr_3WC_2B$ 的等温体模量和等熵体模量变化小，提高其弹性耐热性。

(3)通过 Clarke 模型和杨氏模量二阶张量，研究 o-Cr_7C_3 型多元碳化物极限热导率的各向异性，发现 $Fe_3Cr_3WC_2B$ 的极限热导率低于其他多元化合物，所有 o-Cr_7C_3 型多元碳化物沿[011]方向的极限热导率都比其他方向的大，o-Cr_7C_3 型多元碳化物表现出不同热物理性质的根源是其化学键状态不同。

(4)对 h-Cr_7C_3 型多元碳化物，Mo 掺杂使费米面处的电子态密度最高，说明其抗氧化性弱。除纯 h-Cr_7C_3 外，W 和 B 共掺的抗氧化性最好。B 的掺杂能够有效地改善 h-Cr_7C_3 型多元碳化物的抗氧化性，使其化学稳定性更高。

(5)纯的 h-Cr_7C_3 弹性模量和硬度最大，但其韧性也最差，Mo 掺杂、W 掺杂以及 W 和 B 共掺杂能够使 h-Cr_7C_3 型多元碳化物的韧性更好。相对于 h-Fe_7C_3 和 $Cr_4Fe_3C_3$，Mo 和 B 共掺杂能够提高硬度，计算的 $Cr_4Fe_3C_3$ 硬度与实验测得共晶

$Cr_{3.75}Fe_{3.25}C_{2.99}$ 的硬度接近。$Cr_4Fe_3C_3$ 的力学各向异性明显，但是 B 掺杂、W 和 Mo 共掺以及 W、Mo 和 B 共掺能够减弱其力学各向异性，Mo、W 和 B 共掺能够在保持弹性模量较好的基础上，提高热膨胀系数，使之与铁基体更匹配。

(6) o-Cr_7C_3 型和 h-Cr_7C_3 型多元碳化物在掺杂合金元素后，硬度非常接近，但是热膨胀系数相差大。o-Cr_7C_3 型多元碳化物热膨胀系数最大达到 $5\times10^{-5}\,K^{-1}$。而 h-Cr_7C_3 型多元碳化物热膨胀系数能够达到 $12\times10^{-5}\,K^{-1}$，与钢铁基体热膨胀系数更为匹配。

第6章　钨钼系高速钢中典型 强化相的结构与性能

钨钼系高速钢是一种广泛使用的高速钢，常用来制作切削刀具、钻头和轧辊等。其主要性能特点是具有很高的热硬性和耐磨性。第 3 章的分析表明，$W_{18}Cr_4V$ 和 $W_6Mo_5Cr_4V_2$ 高速钢回火态(使用态)的强化相主要是 W、Mo、Fe 与 C 元素组成的 M_6C 型碳化物以及 V 和 C 形成的 MC 型碳化物，这些强化相的高温力学性质和热学性质对高速钢的整体性能影响巨大，但是由于其组成元素种类多、细小弥散分布于钢铁基体中，传统实验方法很难定量研究其力学、热学性质，更不能对其性质进行选择性调控。同时，通过实验很难直接制备高质量的纯相。因此本章采用第一性原理计算方法研究 M_6C 型和 MC 型碳化物的相关性质，并分析原因。

6.1　计算方法与参数

价电子与离子实之间的相互作用通过超软赝势来表示。交换关联能通过自旋广义梯度近似中 Perdew-Burke-Ernzerhof for soild (PBEsol)描述[131]。采用平面波展开法进行晶体结构优化，经过收敛性测试，平面波的最大截止能选为 550 eV，第一布里渊区 k 点的选择使用 Monkhorst-Pack 方法，k 点的取值为 $10\times10\times10$。采用 Broyden-Fletcher-Goldfarb-Shannon (BFGS)方法基于能量最小化对晶体结构进行弛豫，总能量之差最终收敛到 1×10^{-6} eV，与此同时每个原子力降低到 0.01eV/Å。原子价电子层的结构选为 V $3s^23p^63d^34s^2$、C $2s^22p^2$、Mo $4s^24p^64d^55s^1$ 和 W $5s^25p^65d^46s^2$。声子谱的计算采用线性响应法(linear response method)。

6.2　含有序碳空位的 V-C 二元相

与 Fe、W、Mo、Cr 等过渡金属元素相比，V 与 C 的结合能力更强，且 V 原子很难被 Fe、W、Mo 和 Cr 取代，即 V-C 相中很难置换固溶其他合金元素。作为典型的间隙相，V 原子形成面心立方晶格，C 原子处于八面体间隙位置，因此能够容忍高浓度的碳空位，在明显偏离化学计量比时可以保持晶体结构稳定性，但同时宏观性能发生变化。通常碳空位无序排布在 C 原子格点，仅在某些特殊的碳空位浓度，可能存在碳空位的长程有序构型，并产生新的有序相。但非化学计量比 VC_{1-x} 无序相仅在高温下才是热力学稳定的，在 1300 K 以下则以稳定的有序相存在，钢铁中的 V-C 相都为含有序碳空位的亚/非化学计量比物相。

6.2.1　晶体结构与稳定性

图 6.1 为钢铁中常见的 VC、$VC_{0.875}(V_8C_7)$、$VC_{0.833}(V_6C_5)$ 和 $VC_{0.750}(V_4C_3)$ 四种 V-C 相的晶体结构示意图，$VC(Fm\text{-}3m)$、$VC_{0.875}(P4_332)$ 和 $VC_{0.750}(Fm\text{-}3m)$ 为立方结构，$VC_{0.833}(P3_112)$ 为六方结构。

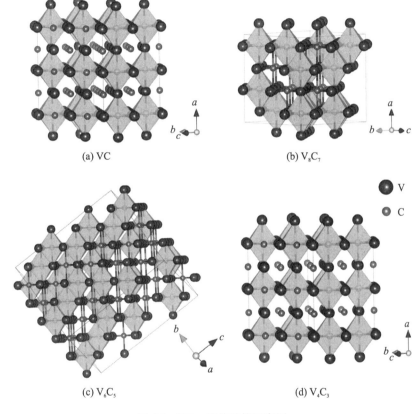

(a) VC

(b) V_8C_7

(c) V_6C_5

(d) V_4C_3

图 6.1　VC_{1-x} 晶体结构示意图

由于峰位接近，从实验 XRD 图谱上很难准确区分这些物相，图 6.2 为模拟的 VC 和 V_8C_7 的 XRD 图谱与实验 V_8C_7 和 VC_{1-x} 的 XRD 图谱进行对比[134,135]，发现其 XRD 图谱差别很小，需要通过性能差异进一步区分。

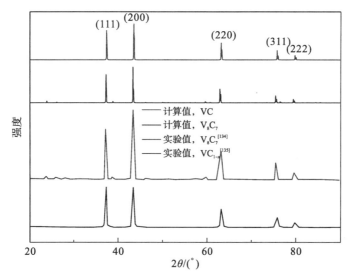

图 6.2 模拟的 VC 和 V_8C_7 的 XRD 图谱与实验 V_8C_7 和 VC_{1-x} 的 XRD 图谱进行对比

表 6.1 为 VC_{1-x} 有序相的晶格常数、密度、体积和形成焓的计算值，同时列出其他两种常见的 V-C 相 α-V_2C ($Pbcn$) 和 β-V_2C ($P6_3/mmc$) 的晶体结构数据。这些 V-C 相的形成焓都为负值，说明在热力学上稳定。

表 6.1 V-C 相的晶格常数、密度、体积和形成焓

物相		晶格常数/Å			ρ/(g/cm³)	V/Å³	ΔH_r /(eV/atom)	参考文献
		a	B	c				
VC	计算值	4.167	4.167	4.167	5.78	72.37	−0.429	本书
	实验值	4.163	4.163	4.163				文献[136]
V_8C_7	计算值	8.391	8.391	8.391	5.96	547.56	−0.541	本书
	实验值	8.340	8.340	8.340				文献[137]
V_6C_5	计算值	5.11	5.11	14.34	5.62	324.39	−0.562	本书
	实验值	5.09	5.09	14.4				文献[138]
V_4C_3	计算值	4.165	4.165	4.165	5.51	72.25	−0.353	本书
	实验值	4.160	4.160	4.160				文献[139]
α-V_2C	计算值	4.495	5.628	4.929	6.07	124.68	−0.492	本书
	实验值	4.567	5.744	5.026		131.85		文献[140]
β-V_2C	计算值	2.884	2.884	4.797	5.47	34.56	−0.307	本书
	实验值	2.8878	2.8878	4.5743		33.04		文献[141]

通过图 6.3 中 VC_{1-x} 有序相的理论计算晶格常数与实验测得的晶格常数对比[136-141]，可以发现计算值与实验值非常接近，说明计算模型的有效性。

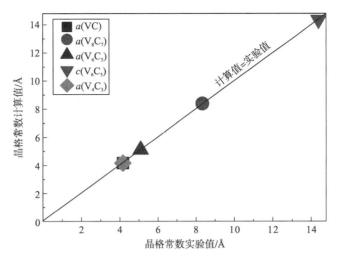

图 6.3 VC$_{1-x}$ 有序相晶格常数实验值与计算值的对比

为研究碳空位对 VC$_{1-x}$ 有序相稳定性的影响,图 6.4(a) 总结了 VC$_{1-x}$ 的形成焓随有序碳空位浓度的变化。随碳空位浓度的升高,VC$_{1-x}$ 形成焓降低。但当碳空位浓度超过 16.7% 后,形成焓急剧升高,即 VC$_{1-x}$ 中有序碳空位的浓度很难达到 25%。图 6.4(b) 为采用准谐近似计算的 VC 和 V$_8$C$_7$ 吉布斯自由能随温度的变化,并和实验值进行对比[142],发现 VC 和 V$_8$C$_7$ 计算值与实验值较相符,且高温下 V$_8$C$_7$ 吉布斯自由能低于 VC,说明 V$_8$C$_7$ 比 VC 热力学上更稳定、更易形成。从图 6.4(c) 可知,V$_{32}$C$_{32}$ 吉布斯自由能比 V$_{32}$C$_{28}$+石墨体系的吉布斯自由能高,说明 V$_{32}$C$_{32}$ 在室温~1000 K 倾向于分解为 V$_{32}$C$_{28}$ 和石墨。这些结果都说明在 B1 型(即 NaCl 型,如岩盐结构、面心立方)过渡金属碳化物中引入一定浓度的有序碳空位能够提高碳化物的稳定性。因此在高钒钢铁中不会出现接近整化学计量比的 VC,只会形成非化学计量比的 VC$_{1-x}$ 有序相。

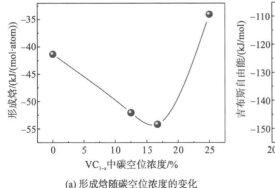

(a) 形成焓随碳空位浓度的变化

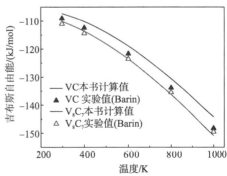

(b) VC 和 V$_x$C$_y$ 吉布斯自由能随温度的变化

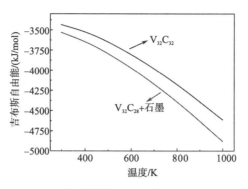

(c) $V_{32}C_{32}$ 体系和 $V_{32}C_{28}$+石墨体系的吉布斯自由能

图 6.4 VC$_{1-x}$ 有序相的热力学稳定性

6.2.2 电子结构特征

V-C 相中有序碳空位能够影响其结构和性能的原因是电子结构发生改变，本节首先计算得到 VC$_{1-x}$ 有序相的电子态密度分布，如图 6.5 所示。可以看出 V 原子的 3d 轨道与 C 原子 2p 轨道态密度重叠，说明 VC$_{1-x}$ 相中 p-d 杂化形成强共价键。此外，随着有序碳空位浓度的增大，费米面处电子态密度升高，这是因为碳原子的缺失导致未成键的价电子数增加，从而导致 VC$_{1-x}$ 相导电性增强。

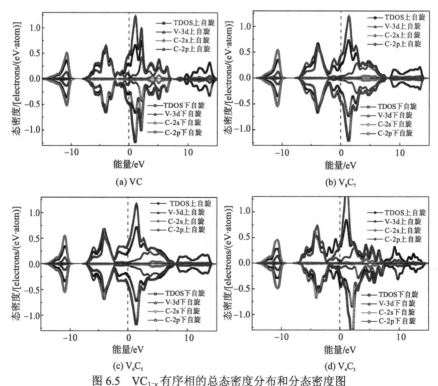

图 6.5 VC$_{1-x}$ 有序相的总态密度分布和分态密度图

由 V-C 相的布居数分析结果可以进一步定量分析 VC_{1-x} 相的电子结构和化学键特性，如表 6.2 所示。可以看到所有 V—C 键的布居数都为正值，其中 VC 和 V_4C_3 的 V—C 键的布居数较大，说明其 V—C 键较强。V_8C_7 和 V_6C_5 的 V—C 键的布居数较小，说明其 V—C 键较弱。此外，V—V 键和 C—C 键的布居数为负值，说明 V 原子间、C 原子间处于反键态，互相排斥。

表 6.2　V-C 相布居数分析结果，包括计算的平均键长$(\overline{L}(AB))$和平均键布居数$(\overline{n}_{AB})$

物相	原子	s	p	d	总计	电荷/e	键	$\overline{L}(AB)$/Å	$\overline{n}_{AB}$/e	净成键电子/e
VC	C	1.45	3.15	0.00	4.60	−0.60	V—C	2.05	0.76	9.12
	V	2.12	6.51	3.78	12.40	0.60	V—V	2.89	−0.09	−0.54
							C—C	2.89	−0.15	−0.90
V_8C_7	C1	1.45	3.19	0.00	4.64	−0.64	V—C	2.03	0.35	59.28
	C2	1.44	3.16	0.00	4.60	−0.60	V—V	2.83	−0.01	−0.72
	C3	1.45	3.18	0.00	4.63	−0.63	C—C	2.90	−0.04	−5.76
	V1	2.11	6.56	3.80	12.47	0.53				
	V2	2.12	6.53	3.79	12.43	0.57				
V_6C_5	C1	1.45	3.19	0.00	4.64	−0.64	V—C	2.02	0.30	27.12
	C2	1.44	3.17	0.00	4.61	−0.61	V—V	2.84	−0.10	−5.48
	C3	1.44	3.16	0.00	4.60	−0.60	C—C	2.89	−0.06	−3.06
	V1	2.11	6.58	3.80	12.49	0.51				
	V2	2.11	6.57	3.80	12.48	0.52				
	V3	2.11	6.57	3.80	12.47	0.53				
V_4C_3	C	1.45	3.18	0.00	4.63	−0.63	V—C	2.02	0.70	6.27
	V1	2.11	6.51	3.79	12.41	0.59	V—V	2.86	0.04	0.21
	V2	2.11	6.51	3.79	12.57	0.43	C—C	2.86	−0.15	−0.45
α-V_2C	C	1.43	3.25	0.00	4.68	−0.68	V—C	1.99	0.29	6.96
	V	2.16	6.75	3.75	12.66	0.34	V—V	2.79	0.10	2.32
							C—C	2.83	−0.10	−0.20
β-V_2C	C	1.43	3.16	0.00	4.59	−0.59	V—C	2.05	0.82	3.28
	V	2.09	6.54	3.78	12.41	0.59	V—V	2.92	−1.22	−1.22
							C—C	2.40	−0.10	−0.10

6.2.3　碳空位对力学性质的影响

V-C 相中有序碳空位影响其力学性质。本书采用第一性原理计算得到的 VC_{1-x}、α-V_2C 和 β-V_2C 的弹性常数与弹性模量如表 6.3 所示。所有 V-C 相的弹性常数都满足 Born-Huang 力学稳定性判据，说明所有 V-C 相都是力学稳定的。本书计算值与其他理论值和实验值相比，有较大差距，这是因为采用了不同的计算方法以及实验上很难准确区分不同的碳空位浓度。

表 6.3　计算得到的 V-C 相的弹性常数(C_{ij})、体模量(B)、剪切模量(G)、杨氏模量(E)、B/G 值、泊松比(σ)、通用各向异性指数(A^{U})和分各向异性指数(A_B 和 A_G)

物相	C_{11}/GPa	C_{22}/GPa	C_{33}/GPa	C_{44}/GPa	C_{55}/GPa	C_{66}/GPa	C_{12}/GPa	C_{13}/GPa	C_{23}/GPa	B/GPa	G/GPa	E/GPa	B/G	σ	A^{U}	A_B/%	A_G/%
VC	748.0			181.8			138.7			341.8	223.9	551.3	1.53	0.23	0.33	0	3.16
	783[a]			196[a]			131[a]			348[a]							
	615[b]			178[b]			154[b]			304[b]	210[b]						
										390[c]	157[c]	430[c]		0.22[c]			
α-V$_2$C	452.1	450.3	492.5	122.3	143.0	160.6	206.9	145.5	205.3	278.5	139.5	358.6	2.00	0.29	0.11	0.14	1.05
										244.17[d]							
β-V$_2$C	549.2		529.3	94.5		194.6	160.0	225.3		316.3	137.4	360.1	2.30	0.31	0.55	0.08	5.18
V$_4$C$_3$	603.7			112.6			149.5			301.6	149.7	385.3	2.01	0.29	0.61	0.02	5.79
	632[a]			115[a]			151[a]			311[a]	145[a]	378[a]		0.298[a]			
	440[e]			136[e]			92[e]										
V$_6$C$_5$	504.9		512.1	228.6		189.6	125.8	154.8		265.7	197.8	475.4	1.34	0.20	0.21	0.05	2.01
V$_8$C$_7$	650.5			179.3			120.2			297.0	209.8	509.4	1.42	0.21	0.19	0	1.82
	619[b]			161[b]			128[b]			292[b]	212[b]						
	527[e]			159[e]			105[e]										

注：a 计算值，见文献[143]；b 计算值，见文献[144]；c 实验值，见文献[145]；d 计算值，见文献[146]；e 实验值，见文献[147]

同时，利用由计算得到的弹性模量，采用 Chen 模型得到 V-C 相的本征硬度；基于化学键旳布居数分析，采用更微观的 Gao 模型计算得到每种 V—C 键的硬度，进而得到 V-C 相的宏观本征硬度，结果如表 6.4 所示。

表 6.4　基于 Gao 模型理论预测 V-C 键的硬度和 V-C 相的本征硬度

物相	键	d^u/Å	P^u	N^u	v_0^u	H_v^u/GPa	H_v/GPa
VC	V—C	2.05	0.76	12	5.71	30.87	30.87
V_8C_7	V—C	1.91	0.43	24	2.71	60.25	36.37
	V—C	2.00	0.38	24	3.12	42.30	
	V—C	2.03	0.36	24	3.26	37.20	
	V—C	2.03	0.38	24	3.26	39.26	
	V—C	2.06	0.30	24	3.41	28.80	
	V—C	2.07	0.32	24	3.45	29.99	
	V—C	2.10	0.30	24	3.61	26.16	
V_6C_5	V—C	1.91	0.42	6	2.86	53.86	28.74
	V—C	1.95	0.38	6	3.05	43.94	
	V—C	1.96	0.37	6	3.09	41.70	
	V—C	2.00	0.32	12	3.29	32.60	
	V—C	2.01	0.30	6	3.34	29.81	
	V—C	2.02	0.29	6	3.39	28.11	
	V—C	2.02	0.30	6	3.39	29.08	
	V—C	2.03	0.29	6	3.44	27.42	
	V—C	2.04	0.29	6	3.49	26.76	
	V—C	2.05	0.28	6	3.54	25.21	
	V—C	2.08	0.24	18	3.70	20.10	
	V—C	2.09	0.24	6	3.75	19.62	
V_4C_3	V—C	2.02	0.62	6	7.35	16.52	18.35
	V—C	2.02	0.85	3	7.35	22.65	
α-V_2C	V—C	1.98	0.28	8	5.09	13.75	13.76
	V—C	1.99	0.31	8	5.17	14.85	
	V—C	2.01	0.28	8	5.33	12.76	
β-V_2C	V—C	2.05	0.82	4	8.64	16.68	16.68

图 6.6 为 VC_{1-x} 有序相力学性质随有序碳空位浓度的变化。从图 6.6(a)可知，

VC 具有最大的 C_{11}，说明沿[100]方向，VC 具有最强的抗压缩性，C_{12} 表示抵抗(110)晶面上沿[$1\bar{1}0$]晶向的剪切应变的能力，C_{44} 表示抵抗(100)晶面上纯剪切应变的能力，VC 具有最大的 C_{12}，V_6C_5 具有最大的 C_{44}。图 6.6(b)为 VC_{1-x} 相弹性模量随有序碳空位浓度的变化。随着有序碳空位浓度的增大，剪切模量和杨氏模量都逐渐减小，而体模量则先减小，当浓度超过 16.7 %后再逐渐增大。这说明有序碳空位的存在能够使 VC_{1-x} 相弹性模量退化。实验测得的 VC_{1-x} 相杨氏模量值低于 V_6C_5 的计算值，但高于 V_4C_3 的计算值。

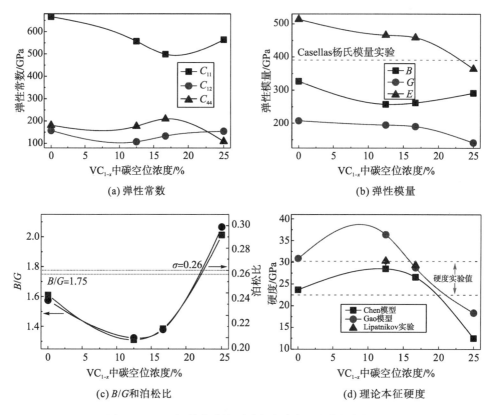

(a) 弹性常数

(b) 弹性模量

(c) B/G 和泊松比

(d) 理论本征硬度

图 6.6　VC_{1-x} 相的力学性质随有序碳空位浓度的变化，

并和纳米压痕实验测得杨氏模量和硬度值进行对比[33,148]

通过 B/G 和泊松比来判断有序碳空位浓度对 VC_{1-x} 相脆韧性的影响，如图 6.6(c)所示。当碳空位浓度低于 12.5%时，VC_{1-x} 相的 B/G 和泊松比随碳空位浓度的增大而减小，VC_{1-x} 相脆性增大；当碳空位浓度高于 12.5%时，VC_{1-x} 相的 B/G 和泊松比随碳空位浓度的增大而增大，说明 VC_{1-x} 相脆性减小。当碳空位浓度达到 25%时，B/G 值和泊松比都超过临界值 1.75 和 0.26，VC_{1-x} 相由脆性相变为韧性相。图 6.6(d)为采用 Chen 模型和 Gao 模型计算的 VC_{1-x} 相硬度随有序碳空位浓度的变化，两种模型预测的 VC_{1-x} 相硬度变化趋势相同，V_8C_7 具有最大的本征硬度，这与图 6.6(c) 中 V_8C_7 脆性最大相符。Gao 模型预测的硬度明显高于 Chen 模型，这是因为 Gao 模型预测硬度基于共价键的键强和键密度，没有考虑金属键和反键态对硬度的影响，故硬度偏高。Chen 模型预测的 VC_{1-x} 相硬度与纳米压痕测得的硬度范围较为相符，说明 Chen 模型能很好地描述带有金属性的非纯共价键化合物的硬度。

为进一步比较不同有序碳空位含量的 VC_{1-x} 相高温性质的差异，通过准静态近似，计算 VC 和 V_8C_7 的弹性常数、模量与硬度随温度的变化，如图 6.7 所示，并和实验值对比[144,145,149]。实验研究表明 V_8C_7 的有序-无序转变温度为 $1360\sim$ 1380 K，V_6C_5 的有序-无序转变温度为 $1400\sim1450$ K，无序相和有序相性质相差较大。本章关注 1000 K 以下有序相力学性质的变化。如图 6.7(a) 和 (b) 所示，VC 和 V_8C_7 的等温弹性常数 (C_{ij}^T) 和等熵弹性常数 (C_{ij}^S) 随温度升高而降低的程度不同，V_8C_7 的弹性模量降低得更为明显。V_8C_7 的 C_{11}^S 值比 C_{11}^T 值大，与实验测得的 C_{11} 的偏差约为 5%。

采用 Voigt-Ruess-Hill 近似，由不同温度下的 C_{ij}^T 和 C_{ij}^S，可得到不同温度下的等温弹性模量 (B^T、G^T 和 E^T) 和等熵弹性模量 (B^S、G^S 和 E^S)，并与拟合状态方程得到的等温体模量 B_{EOS}^T 和等熵体模量 B_{EOS}^S 进行对比，如图 6.7(c)$\sim$(e) 所示，可以看到弹性模量都随温度的升高而降低，当温度超过 400K 后，V_8C_7 模量随温度的下降趋势比 VC 明显。模量随温度的变化关系与弹性常数随温度的变化类似，等熵模量比等温模量大。同时，基于不同温度下的模量，通过 Chen 模型和 Tian 模型，计算 VC 和 V_8C_7 的本征硬度随温度的变化，如图 6.7(f) 所示。Tian 模型预测的 VC 的硬度高于 Chen 模型的硬度。V_8C_7 的硬度高于 VC，但是在高温下降低得更为迅速。众所周知，材料的弹性对温度越敏感，其高温力学性质越差。因此计算结果表明 VC 的高温力学性质要优于 V_8C_7，即有序碳空位的存在会恶化其高温力学性质。

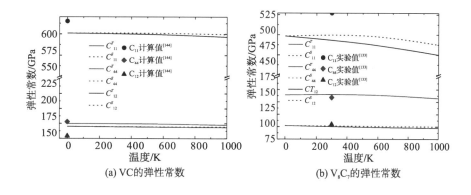

(a) VC的弹性常数　　　　　　　(b) V_8C_7的弹性常数

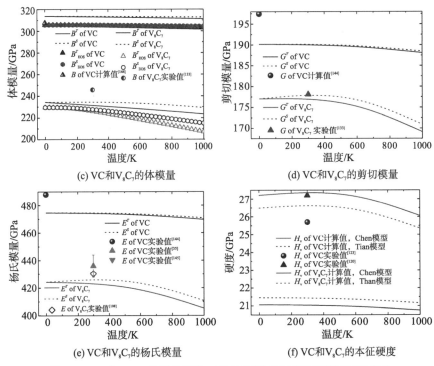

(c) VC 和 V_8C_7 的体模量　　　　　　(d) VC 和 V_8C_7 的剪切模量

(e) VC 和 V_8C_7 的杨氏模量　　　　　　(f) VC 和 V_8C_7 的本征硬度

图 6.7　VC 和 V_8C_7 的弹性常数、弹性模量和本征硬度随温度的变化

　　本章计算得到的 B^S 和 G^S 与实验值及其他理论值相比，偏差在 3 % 以内。其偏差可归结为忽略非谐效应和磁性对能量的贡献。然而，计算的 E^S 和 H_v 值与纳米压痕测得实验值的偏差大于 10 %，其原因是杨氏模量的各向异性强，并且高钒钢铁中碳化钒单晶的生长具有强烈的取向性且形貌为树枝状(图 1.5)，实验测得硬度和模量与碳化钒的取向密切相关。

　　为了描述碳化钒的力学各向异性，首先计算通用各向异性指数(A^U)和分各向异性指数(A_B 和 A_G)，如表 6.3 所示。弹性模量的三维曲面图能够提供各向异性更加直观和详细的信息。V-C 相体模量的三维各向异性图及其在(001)和(110)晶面上的投影图如图 6.8 所示。可以明显看到这些 V-C 相的体模量各向异性很弱，因为其三维曲面接近球形，这与 A_B 值的计算结果相符。

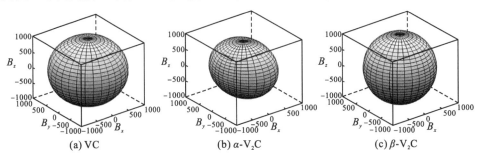

(a) VC　　　　　　　　　(b) α-V_2C　　　　　　　　　(c) β-V_2C

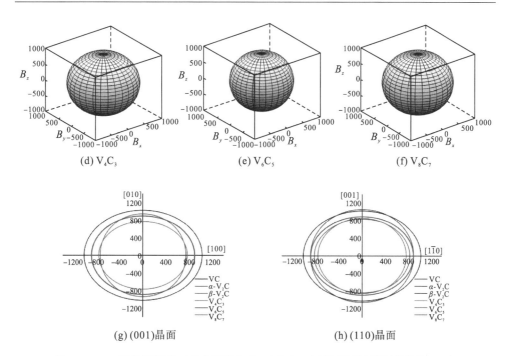

(d) V_4C_3　　　　　　(e) V_6C_5　　　　　　(f) V_8C_7

(g) (001)晶面　　　　　　　　　　　(h) (110)晶面

图 6.8　V-C 相体模量的三维曲面图和(001)和(110)晶面的投影图(单位为 GPa)

　　图 6.9 为 V-C 相杨氏模量的三维曲面图及其在(001)和(110)晶面上的投影图，可以看到杨氏模量与体模量相比具有更强的各向异性。VC、V_8C_7 和 V_4C_3 具有类似的表面构型，说明其杨氏模量的各向异性也比较相似，杨氏模量在(001)和(110)晶面上的投影进一步证实这一结论。VC、V_8C_7 和 V_4C_3 的平面轮廓形状类似，仅大小有差别，且在主轴方向取得最大值。对于 β-V_2C，杨氏模量在(001)晶面的各向异性比(110)晶面上弱，且在(110)晶面上，其沿不同晶向的杨氏模量值也强烈极化。另外，所有 V-C 相沿[1$\bar{1}$0]晶向的杨氏模量比沿[100]、[010]和[001]晶向都小。

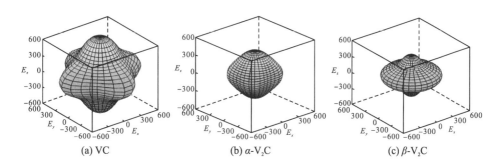

(a) VC　　　　　　　(b) α-V_2C　　　　　　　(c) β-V_2C

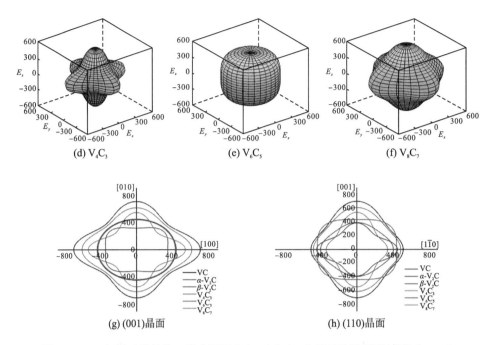

(d) V₄C₃   (e) V₆C₅   (f) V₈C₇

(g) (001)晶面   (h) (110)晶面

图 6.9　V-C 相杨氏模量的三维曲面图和(001)和(110)晶面的投影图(单位为 GPa)

　　温度影响含不同碳空位浓度的 V-C 相的力学性质,也影响其各向异性。图 6.10 为 VC 和 V₈C₇ 在(001)与(110)晶面上沿不同晶向的杨氏模量的投影图,并比较 0 K 和 1000 K 时各向异性的差异。可以看到本章计算的杨氏模量各向异性比其他计算 和实验结果弱[133,144]。温度对 VC 和 V₈C₇ 杨氏模量各向异性的影响较小,即只改 变模量,不改变其各向异性。在(001)晶面上,VC 和 V₈C₇ 都在[100]晶向上取得最 大值,在[110]晶向上取得最小值;而在(110)晶面上,VC 和 V₈C₇ 都在[001]晶向 上取得最大值,在[1̄10]晶向上取得最小值。

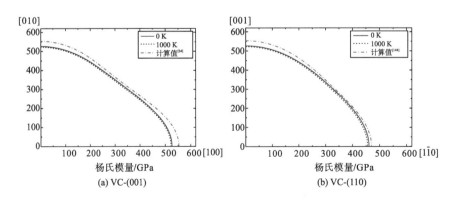

(a) VC-(001)   (b) VC-(110)

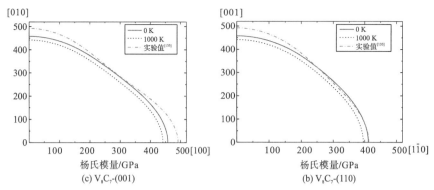

图 6.10　不同温度下 VC 和 V_8C_7 在 (001) 和 (110) 晶面上的杨氏模量的平面投影

6.2.4　碳空位对热学性质的影响

本节采用严格的准谐近似，计算 VC_{1-x} 有序相的声子谱。同时考虑晶格振动 (声子) 和热电子对自由能的贡献，计算 VC_{1-x} 有序相的等容热容 (C_V)、体积热膨胀系数 (a_V) 和等压热容 (C_p)，并与基于德拜模型得到的等容热容、热膨胀系数和等压热容进行比较。图 6.11 为 VC、V_6C_5、V_4C_3 和 V_8C_7 的声子谱以及分态密度，并在图中标出两个横声学支 (TA 和 TA′) 和一个纵声学支 (LA)。由于 V 原子和 C 原子的质量不同，其振动频率不同，导致在声子谱上出现一个明显的声子带隙。高频处的振动由 V 原子贡献，低频处的振动由 C 原子贡献。

由德拜模型和声子谱两种方法得到的等容热容如图 6.12 所示，VC_{1-x} 相的等容热容在低于室温 (300 K) 时快速升高，在高温下增长速度减缓，并满足杜隆–珀蒂定律：$3nR$，其中，n 为每个分子中的原子数，R 为理想气体常数。从图 6.12 中发现，低温下，基于德拜模型计算的等容热容略小于声子谱计算值，高温下，基于德拜模型计算的等容热容略大于基于声子谱得到的值。温度越高，热电子对 VC_{1-x} 相的等容热容贡献越大。

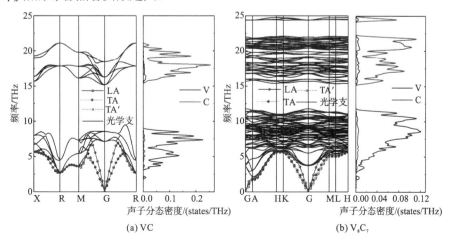

(a) VC　　　　　　　　　　　　　　　(b) V_8C_7

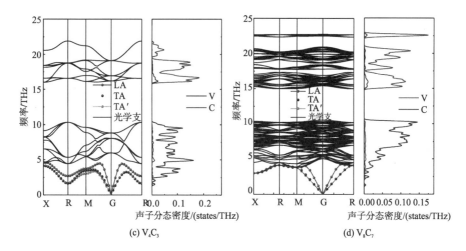

图 6.11　VC、V_6C_5、V_4C_3 和 V_8C_7 的声子谱以及声子分态密度

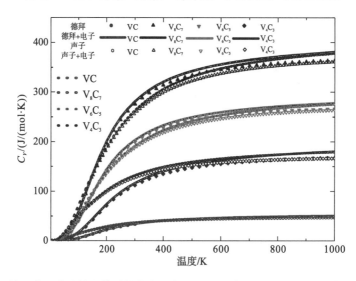

图 6.12　基于声子谱和德拜模型并考虑热电子贡献计算得到的 VC_{1-x} 相的等容热容（C_V）

由于抗磨钢铁的基体为铁基固溶体，热膨胀系数较大，而强化相为碳化物陶瓷，热膨胀系数相对于金属较小，若两者之间差别较大，无法互相匹配，就会导致钢铁在热处理过程中或者高温工况下内部热应力集中，产生微裂纹，进而导致材料失效。因此，钢铁中强化相的热膨胀系数对钢铁的整体性能有重要影响。分别通过声子谱和德拜模型得到 VC_{1-x} 相体系的晶格振动自由能及热电子的自由能，采用准谐近似可以得到 VC_{1-x} 相的热膨胀系数，如图 6.13 所示。计算的 VC 的热膨胀系数与 Lu 等的计算值相符[150]，但是大于 TPRC（Thermophysical Properties Research Center）数据。在低温下，基于声子谱计算得到的热膨胀系数大于德拜模型计算值，而在高温下，两种模型计算值基本相同。V_8C_7 具有最大的热膨胀系数，

高温下可达 2.8×10^{-5} K^{-1} 也与钢铁的热膨胀系数最接近。VC、V_6C_7 和 V_4C_3 的热膨胀系数依次减小。晶体的非谐效应与其热膨胀系数息息相关，一般非谐效应越大，热膨胀系数越大，因此 V_8C_7 具有最大的非谐效应。这主要是因为 V_8C_7 中碳空位的存在对 V—C 键的键强影响较大，布居数分析表明，V_8C_7 中 V—C 键键强减弱。V_6C_3 为六方晶系，其非谐性与立方晶系相比变化较大。除 VC 外，随着碳空位浓度的提高，电子对 VC_{1-x} 相热膨胀的贡献增大，这是因为碳空位增加，导致未成键的自由电子浓度升高。

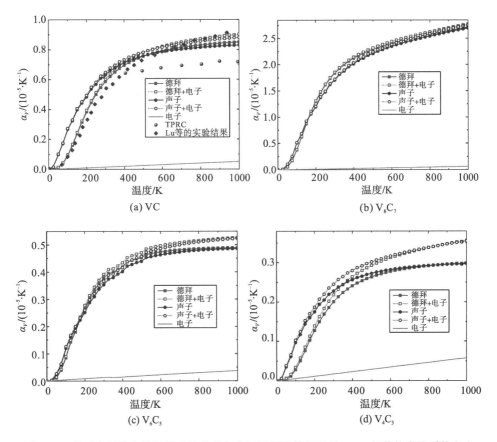

图 6.13　基于声子谱和德拜模型并考虑热电子贡献计算得到的 VC_{1-x} 相的热膨胀系数 (α_V)

在计算得到热膨胀系数以后，可以得到 VC_{1-x} 相的等压热容，如图 6.14 所示。在高温下，VC_{1-x} 相的等压热容随有序碳空位浓度的升高而降低。当温度低于室温时，基于声子谱计算得到的等压热容大于德拜模型计算值，而在高温下，两种模型计算值非常接近，这和热膨胀系数的结果一致。VC 的等压热容计算结果与 Lu 等和 Huang 的计算结果相符[150,151]。V_8C_7、V_6C_5 和 V_4C_3 的等压热容在室温下与实验值相符[152]，仅在高温下比实验值略低，说明本书的计算方法和结果可靠。

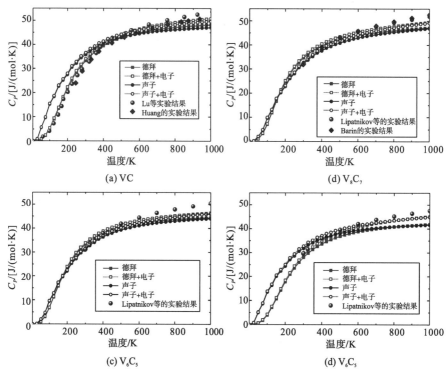

图 6.14　基于声子谱和德拜模型并考虑热电子贡献计算得到的 VC_{1-x} 相的等压热容 (C_p)

德拜温度反映晶体结构中共价键的强度。如图 6.15 所示，VC_{1-x} 相的德拜温度随有序碳空位浓度的升高而降低，说明 VC_{1-x} 相总体化学键的强度随有序碳空位浓度的升高而减弱，进而影响其弹性模量、热膨胀系数和热导率等。这与图 6.6 中杨氏模量和剪切模量随有序碳空位浓度的变化趋势相符。格林艾森常数与材料非谐效应息息相关，而化学键强度对非谐效应的影响不大。从图 6.15 中看到，随有序碳空位浓度的升高，V_8C_7 的格林艾森常数最大，说明其非谐效应最大，从而导致其热膨胀系数最大，VC、V_6C_5 和 V_4C_3 的格林艾森常数依次减小，说明其非谐效应依次减弱，因此热膨胀系数逐渐减小。

热导率是材料基本热物理性质之一，对抗磨钢铁材料而言，铁基体的热导率高，而强化相热导率低，因强化相的体积分数较大，会影响钢铁整体导热性。在热处理或高温工况下，表面和内部有温差，局部温度过高或过低，导致裂纹产生。本节采用 Cahill 模型和 Slack 模型研究 VC_{1-x} 相的热导率。Cahill 模型是基于各个方向的声速计算，进而得到各向异性的极限晶格热导率。VC 和 V_8C_7 在 (001) 与 (110) 晶面上的极限晶格热导率如图 6.16 所示。来源于纵波声速 (v_l) 贡献的极限热导率 (κ_l) 的各向异性强于两个横波声速 $(v_{t1}$ 和 $v_{t2})$ 贡献的极限热导率。极限热导率的各向异性与弹性各向异性密切相关。在 (001) 晶面上，对总的极限晶格热导率贡献最大的是 κ_l，在 (110) 晶面上，κ_{t1} 的贡献最大。VC 和 V_8C_7 在 (001) 与 (110) 晶面上的极限晶格热导率基本为各向同性，且 VC 的极限晶格热导率比 V_8C_7 大，这是因为 VC 的弹性模量比 V_8C_7 大。

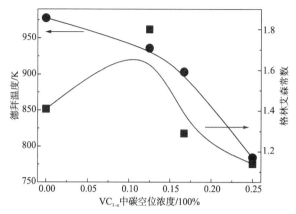

图 6.15　VC_{1-x} 相在室温下的德拜温度和格林艾森常数随有序碳空位浓度的变化

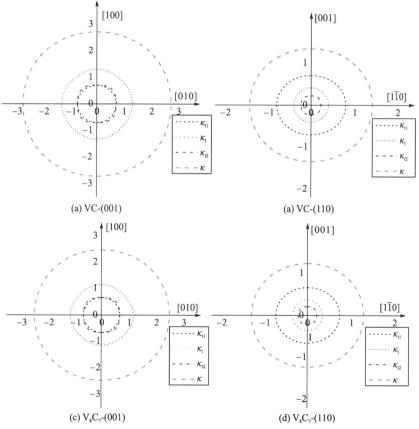

图 6.16　基于 Cahill 模型得到的 VC 与 V_8C_7 在 (001) 与 (110) 晶面上沿不同方向的极限晶格热导率 (单位为 W/(m·K))

采用 Slack 模型得到 VC_{1-x} 相晶格热导率随温度的变化，如图 6.17 (a) 所示。可知热导率随温度的升高而降低，在高温下趋近于稳定值。随着温度升高，声子振动频率升高，倒逆声子散射起主要作用，平均自由程降低到与平均原子间距相等，因此晶格热导率随温度升高的下降趋势减弱。一般而言，声学支对热传导起主要作用，光学声子对热传导几乎没有贡献，因此晶格热导率可以简单地表示为两个横声学支(κ_{TA} 和 $\kappa_{TA'}$)和一个纵声学支(κ_{LA})对热导率的贡献总和：

$$\kappa_{ph} = \kappa_{TA} + \kappa_{TA'} + \kappa_{LA} \tag{6-1}$$

其中，κ_{ph} 为晶格热导率。V_8C_7 的晶格热导率最小，V_4C_3 的晶格热导率最大。从图 6.15 可知，V_8C_7 的非谐效应最大，而 V_4C_3 的非谐效应最小。虽然 VC 的非谐效应比 V_6C_5 大，但其共价键强度也强，综合导致 VC 的晶格热导率比 V_6C_5 高。

由电子态密度可知，VC_{1-x} 相都为导体，采用 Bloch-Grüneisen 近似可以估算材料的电导率，并通过 Wiedemann-Franz 定律：$\kappa_{el} = L_0 T/\rho$，得到电子热导率，其中，κ_{el} 表示电子热导率，L_0 为洛伦兹常数，ρ 为电阻率。VC_{1-x} 总热导率如图 6.17 (b)所示，可以看到总热导率的趋势与晶格热导率相同，从数值上看，电子对热导率的贡献与声子对热导率的贡献相当。

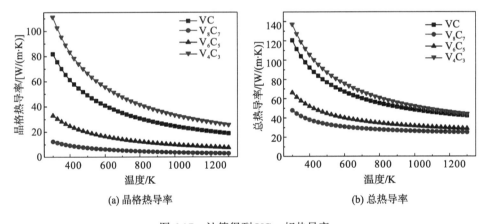

(a) 晶格热导率　　　　　　　　　　　　　　　(b) 总热导率

图 6.17　计算得到 VC_{1-x} 相热导率

6.2.5　碳空位对电学性质的影响

基于 Bloch-Grüneisen 近似得到 VC_{1-x} 相电阻率随温度的变化，如图 6.18 (a)所示[148, 153]。与实验测得的 V_8C_7 和 V_6C_5 有序相的电阻率进行对比[148, 153]，材料的电阻率受点缺陷、位错和晶界的影响很大，因此计算的理论值和实验值相差较大。本节采用半经验的 Bloch-Grüneisen 近似得到的电阻率与实验测定的电阻率有一定差距，但已较为符合。图 6.18 (b)为采用电阻率通过 Wiedemann-Franz 定律计算得到的电子热导率。

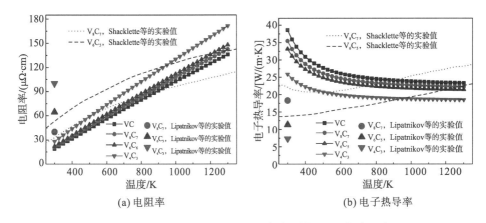

图 6.18　基于 Bloch-Grüneisen 近似得到的 VC_{1-x} 相电阻率

和电子热导率，并与实验值进行对比

6.3　三元 $(Fe,M)_6C(M=W/Mo)$ 相的结构与性质

如第 3 章所述，目前使用的高速钢以钨钼系高速钢为主，当 Mo+0.5W（即 W 与 Mo 的物质量之比为 0.5）的质量分数大于 6% 时，高速钢中有大量的 M_6C 型强化相生成。M_6C 相又称 η 相，是高速钢中主要的强化相，主要由 Fe、W、Mo 和 C 等元素组成，对高速钢的热硬性、耐磨性有重要影响。但是由于其组成元素种类多、化学配比难以确定，且细小弥散分布于钢铁基体中，传统实验方法很难定量研究其力学、热学性质。因此本节首先考虑三元 η 相并采用理论计算方法来研究其性质。

6.3.1　晶胞参数与原子构型

$Fe_{6-x}M_xC$ $(M=W/Mo)$ 相为复杂立方结构，空间群类型 $Fd\text{-}3mS(227)$，单胞内含有 112 个原子。金属原子有三个不同的 Wyckoff 位置（16d、32e 和 48f），非金属原子有一个 Wyckoff 位置（16c）。当 Fe 原子占据 32e 位置时，Mo 或 W 占据 16d 和 48f 位置，形成 Fe_2W_4C 或 Fe_2Mo_4C；当 Fe 原子占据 32e 和 16d 位置时，Mo 或 W 占据 48f 位置，形成 Fe_3W_3C 或 Fe_3Mo_3C；当 Fe 原子占据 16d 和 48f 位置时，Mo 或 W 占据 32e 位置，形成 Fe_4W_2C 或 Fe_4Mo_2C。六种不同化学配比的 M_6C 相的晶体结构示意图如图 6.19 所示。

由于 $Fe_{6-x}M_xC$ $(M=W/Mo)$ 相的初始结构基于 Fe_3W_3C（ICSD #76760）、Fe_2Mo_4C（ICSD #76135）和 $\eta\text{-}Fe_6C$，在进行 Fe、W 和 Mo 原子相互替换时，晶格常数会发生较大变化。因此，本节首先计算不同体积的 $Fe_{6-x}M_xC$ $(M=W/Mo)$ 相的总能量，并采用二阶状态方程拟合，分别得到六种物相在 0 K 下总能量最低时的平衡体积，如图 6.20 所示，进而得到平衡晶格常数，在此基础上进行性质的计算。

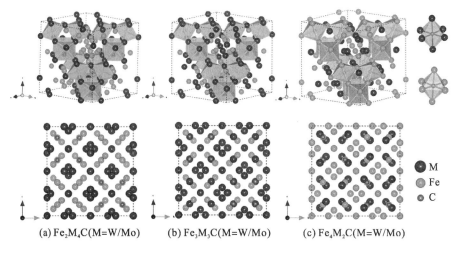

(a) Fe₂M₄C(M=W/Mo)   (b) Fe₃M₃C(M=W/Mo)   (c) Fe₄M₂C(M=W/Mo)

图 6.19 $Fe_{6-x}M_xC$（M=W/Mo）相的晶体结构示意图

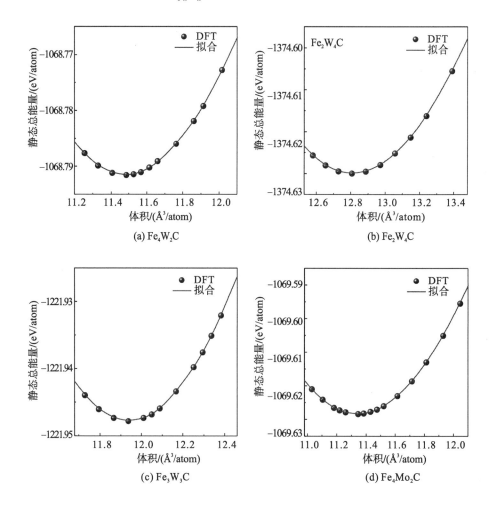

(a) Fe₄W₂C   (b) Fe₂W₄C

(c) Fe₃W₃C   (d) Fe₄Mo₂C

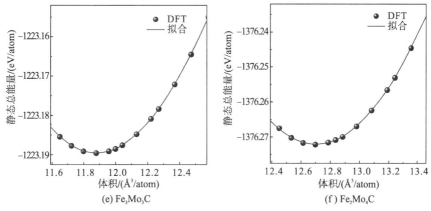

(e) Fe₃Mo₃C　　　　　　　　　(f) Fe₂Mo₄C

图 6.20　Fe₂M₄C（M=W/Mo）、Fe₃M₃C（M=W/Mo）和 Fe₄M₂C（M=W/Mo）
相经二阶状态方程拟合后的静态总能量-体积（E-V）曲线

6.3.2　高温力学性质

图 6.21 为计算得到的 Fe₂M₄C（M=W/Mo）、Fe₃M₃C（M=W/Mo）和 Fe₄M₂C（M=W/Mo）在 0 K 时的体模量、剪切模量与杨氏模量随密度的变化。由于陶瓷材料的弹性力学性质在温度超过室温时才会发生较大变化，因此 0 K 下计算得到的弹性模量可以近似代表室温下材料的弹性模量。六种物相的体模量变化不大，但是剪切模量和杨氏模量变化较大。在 Fe-Mo-C 体系中，Fe₄W₂C 的剪切模量与杨氏模量最小，Fe₂Mo₄C 最大；在 Fe-W-C 体系中，Fe₄W₂C 的剪切模量与杨氏模量最小，Fe₃W₃C 最大。从轻质高强度的材料选取原则出发，Fe₂Mo₄C 为 Fe₆₋ₓMₓC（M=W/Mo）体系中较好的候选材料。从控制元素含量上分析，当原子比 Fe/(Fe+M)＞50%后，Fe₆₋ₓMₓC（M=W/Mo）相的弹性模量急剧下降。因此实验中尽量保证 Fe₆₋ₓMₓC（M=W/Mo）相中原子比 Fe/(Fe+M)＜50%。

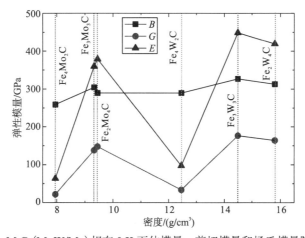

图 6.21　Fe₆₋ₓMₓC（M=W/Mo）相在 0 K 下体模量、剪切模量和杨氏模量随密度的变化

　　高速钢的热硬性和热强性是其重要的性能指标，作为高速钢中重要强化相的 M_6C，其高温力学性质非常重要。在密度泛函理论的框架下，材料的弹性模量由价电子对晶胞体积的密度决定，价电子密度确定，则材料的模量也基本确定。在体系价电子数不变的情况下，晶胞体积决定价电子密度，进而决定材料的弹性模量。表 6.5 为采用准静态近似得到的 $Fe_{6-x}M_xC$(M=W/Mo) 相在不同温度下的弹性力学性质。$Fe_{6-x}M_xC$(M=W/Mo) 相在 0～1200 K 的 B/G 在 1.83～2.21，泊松比 (σ) 在 0.27～0.30，说明 $Fe_{6-x}M_xC$ (M=W/Mo) 相都为韧性材料。Fe_2M_4C (M=W/Mo)、Fe_3M_3C (M=W/Mo) 和 Fe_4M_2C (M=W/Mo) 相的弹性常数 (C_{ij})、体模量 (B)、剪切模量 (G) 与杨氏模量 (E) 都随温度的升高而降低。

　　进一步研究其弹性常数和模量随温度的变化趋势，从而比较其耐高温性质的差异，如图 6.22 所示。随温度的升高，Fe_2Mo_4C 和 Fe_3W_3C 的弹性常数变化较为明显。Fe_2Mo_4C 和 Fe_3W_3C 的弹性模量也比 Fe_2W_4C 与 Fe_3Mo_3C 下降得快。从 0 K 到 1200 K，Fe_2Mo_4C、Fe_2W_4C、Fe_3Mo_3C 和 Fe_3W_3C 的体模量分别下降 6.0%、2.3%、2.4% 和 6.0%，剪切模量分别下降 5.1%、1.0%、0.7%、4.9%，杨氏模量分别下降 5.0%、1.3%、0.9% 和 5.1%。在得到 Fe_2Mo_4C、Fe_2W_4C、Fe_3Mo_3C 和 Fe_3W_3C 相不同温度下的弹性模量后，利用 Tian 模型和 Chen 模型计算不同温度下各物相的本征硬度。通过这两种模型得到的本征硬度随温度的变化并不明显，Fe_3W_3C 具有最大的硬度，为 16.8～17.1 GPa，而 Fe_3Mo_3C 硬度最小，为 11.1～11.4 GPa。表现出不同力学性质的本质原因是电子结构和化学键状态不同。

表 6.5　Fe_2Mo_4C、Fe_2W_4C、Fe_3Mo_3C 和 Fe_3W_3C 相在 0 K、600 K、900 K 与 1200 K 下的弹性常数 (C_{ij})、体模量 (B)、剪切模量 (G)、杨氏模量 (E)、B/G 值、泊松比 (σ) 和本征硬度 (H_v)

物相	温度/K	C_{11} /GPa	C_{12} /GPa	C_{44} /GPa	B /GPa	G /GPa	E /GPa	B/G	σ	$H_{v\text{-Tian}}$ /GPa	$H_{v\text{-Chen}}$ /GPa
Fe_2Mo_4C	0	511.8	178.3	136.2	289.4	147.7	378.7	1.96	0.28	14.7	13.9
	600	500.5	172.6	133.3	281.9	144.8	370.9	1.95	0.28	14.6	13.8
	900	493.2	168.9	131.1	277	142.7	365.4	1.94	0.28	14.5	13.8
	1200	485.9	164.7	128.6	271.8	140.5	359.6	1.93	0.28	14.4	13.7
Fe_2W_4C	0	561.2	188.4	150.8	312.7	164.1	419.1	1.9	0.28	16.4	15.6
	600	558.5	187.8	149.9	311.4	163.2	416.7	1.91	0.28	16.3	15.5
	900	554.9	185.4	150.1	308.5	163.1	416.1	1.89	0.28	16.4	15.7
	1200	551.3	182.8	149.2	305.6	162.4	413.8	1.88	0.27	16.5	15.7
Fe_3Mo_3C	0	494.4	209.1	134.9	304.2	138	359.5	2.21	0.30	12.3	11.2
	600	491.9	208.4	134.6	302.9	137.4	358.1	2.2	0.30	12.2	11.1
	900	489.9	205.9	134.3	300.6	137.3	357.5	2.19	0.30	12.3	11.2
	1200	486	202.4	133.8	297.0	137.0	356.1	2.17	0.30	12.4	11.4
Fe_3W_3C	0	585.7	197.2	165.6	326.7	176.5	448.8	1.85	0.27	17.8	17.1

物相	温度/K	C_{11}/GPa	C_{12}/GPa	C_{44}/GPa	B/GPa	G/GPa	E/GPa	B/G	σ	$H_{\text{v-Tian}}$/GPa	$H_{\text{v-Chen}}$/GPa
	600	572.9	190.8	161.8	318.2	172.9	439.2	1.84	0.27	17.7	17
	900	564.4	186.8	159.2	312.7	170.4	432.6	1.83	0.27	17.5	16.9
	1200	555.7	182.7	156.5	307	167.9	425.9	1.83	0.27	17.4	16.8

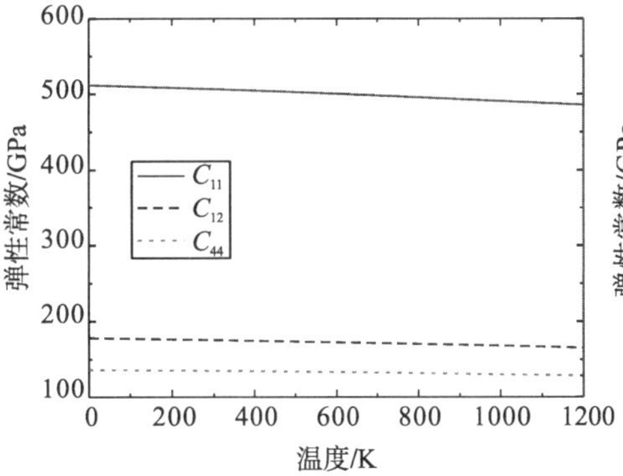

(a) Fe_2Mo_4C

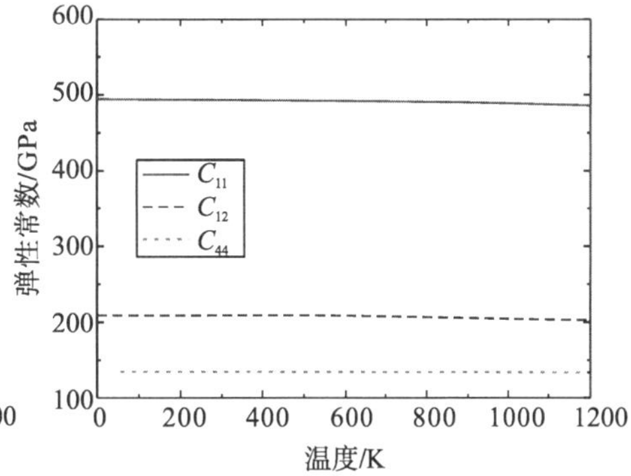

(b) Fe_3Mo_3C

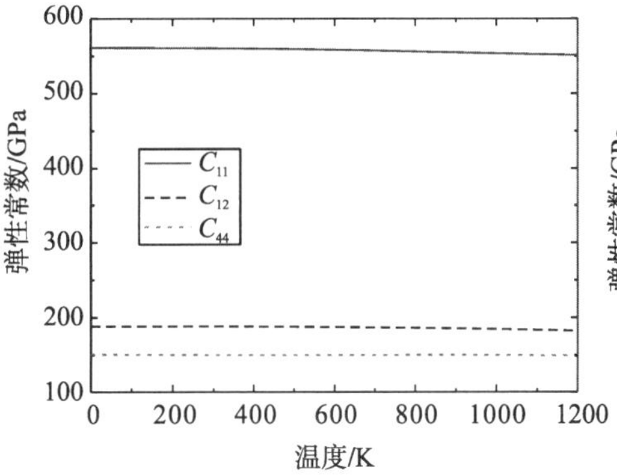

(c) Fe_2W_4C

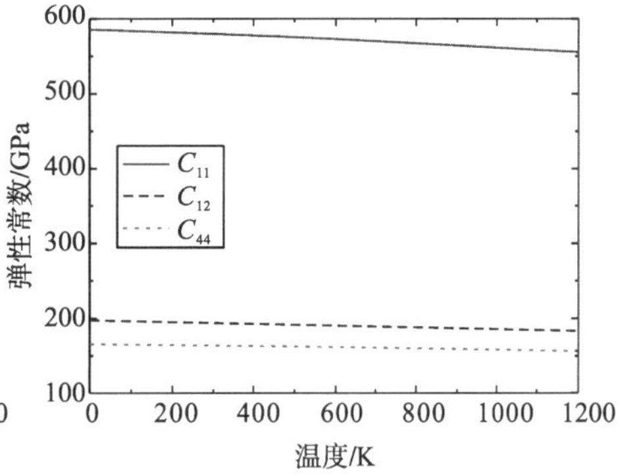

(d) Fe_3W_3C

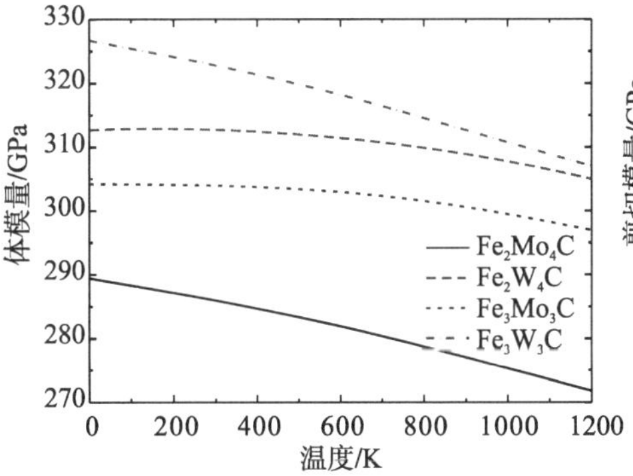

(e) 体模量

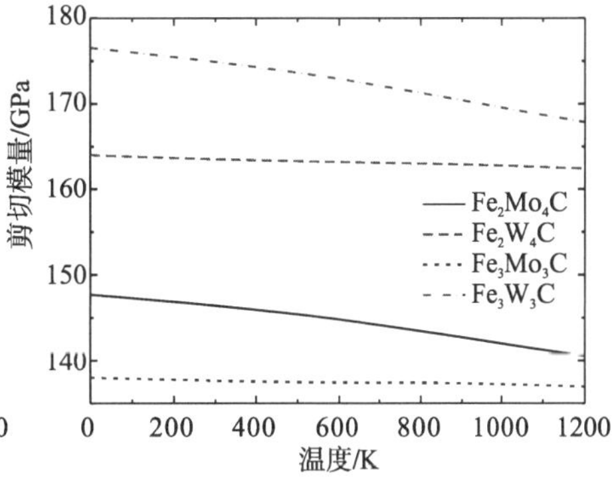

(f) 剪切模量

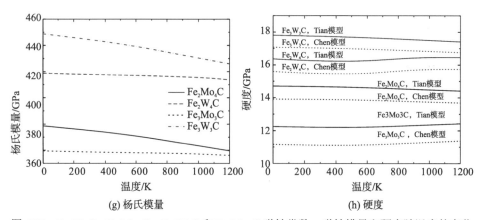

(g) 杨氏模量　　　　　　　　　　　　　　(h) 硬度

图 6.22　Fe₂W₄C、Fe₂Mo₄C、Fe₃W₃C 和 Fe₃Mo₃C 弹性常数、弹性模量和硬度随温度的变化

6.3.3　热膨胀系数

高速钢作为刀具材料使用时，高速削切时刃口的温度达到 500 ℃。制作成轧辊使用时，热轧时其辊面温度高达 600 ℃。高速钢热处理工艺复杂，主要是因为强化相与基体的热物理性质相差大，热处理过程中易开裂。

6.3.2 节主要研究 $Fe_{6-x}M_xC$（M=W/Mo）相高温力学性质的差异，本节主要研究六种 $Fe_{6-x}M_xC$（M=W/Mo）相高温热膨胀的差异，以选择和高速钢基体热物理性质最匹配的强化相，防止热处理或高温环境下出现热应力集中。图 6.23 为采用准谐近似结合德拜模型计算得到的六种 $Fe_{6-x}M_xC$（M=W/Mo）相在高温下的体积热膨胀和线膨胀系数。图 6.23（a）为以常温下体积为参考态的体积热膨胀，图 6.23（b）为线膨胀系数。Fe_2W_4C 和 Fe_3Mo_3C 的热膨胀系数非常接近，也最小。Fe_4Mo_2C 的热膨胀系数最大，但其力学性质较差。Fe_2Mo_4C 和 Fe_3W_3C 的热膨胀系数非常接近，在 1200 K 时其线膨胀系数约为 $0.6×10^{-5}$ K^{-1}。纯 α-Fe 在 500 K 时线膨胀系数实验值为 $1.5×10^{-5}$ K^{-1}，则体积热膨胀系数为 $4.5×10^{-5}$ K^{-1}，$W_{18}Cr_4V$ 高速钢的线

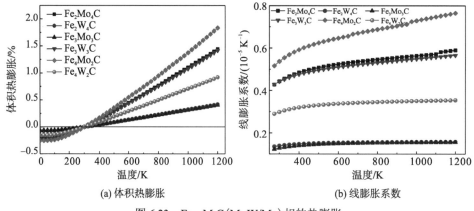

(a) 体积热膨胀　　　　　　　　　　　　　(b) 线膨胀系数

图 6.23　$Fe_{6-x}M_xC$（M=W/Mo）相的热膨胀

膨胀系数在 600 K 时为 $1.26×10^{-5}$ K^{-1}，则体积热膨胀系数为 $3.78×10^{-5}K^{-1}$。综合考虑力学和热学因素，含钨高速钢中，化学配比为 Fe_3W_3C 的 η 相的力学性质较好，热膨胀系数和高速钢基体最为接近。

6.4　四元 $(Fe,W,Mo)_6C$ 型固溶体相的结构与性质

由于 W 和 Mo 的原子半径非常接近(W 为 1.37 Å，Mo 为 1.36 Å)，离子半径基本相同(W^{6+} 为 0.6 Å，Mo^{6+} 为 0.59 Å)。在同时含有 W 和 Mo 的高速钢中，W 和 Mo 元素能在 η 相 M_6C 型碳化物中互相无限置换，形成四元 $(Fe,W,Mo)_6C$ 型的无限固溶体。本节对四元 $(Fe,W,Mo)_6C$ 型的钨钼无限固溶体进行结构和性质的优化，为 M_6C 型碳化物中金属元素 Fe、W、Mo 的选择与成分控制提供指导。6.3 节的研究发现，原子比 Fe/(Fe+Mo+W)＞50%后，其力学性质会显著下降，故本节将 $(Fe,W,Mo)_6C$ 中原子比 Fe/(Fe+Mo+W) 控制在≤50%。

6.4.1　晶体结构与参数

图 6.24 为 $(Fe,W,Mo)_6C$ 型固溶体相的晶体结构，经过高精度的结构弛豫后，六种不同化学计量比的四元 η 相的原子坐标如表 6.6 所示，相同化学配比的 $(Fe,W,Mo)_6C$ 相仅有一种可能的构型。

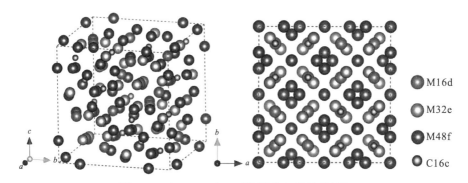

图 6.24　$(Fe,W,Mo)_6C$ 型固溶体相的晶体结构

表 6.6　六种 $(Fe,W,Mo)_6C$ 相的原子位置坐标

位置	原子坐标 (x, y, z)					
	$FeMo_2W_3C$	FeW_2Mo_3C	Fe_2MoW_3C	Fe_2WMo_3C	Fe_3MoW_2C	Fe_3WMo_2C
16d	Fe (0.625, 0.625, 0.625)	Fe (0.625, 0.625, 0.625)	Mo (0.625, 0.625, 0.625)	W (0.625, 0.625, 0.625)	Mo (0.625, 0.625, 0.625)	W (0.625, 0.625, 0.625)
32e	Mo (0.834, 0.834, 0.834)	W (0.834, 0.834, 0.834)	Fe (0.830, 0.830, 0.830)	Fe (0.830, 0.830, 0.830)	W (0.844, 0.844, 0.844)	Mo (0.844, 0.844, 0.844)

位置	原子坐标 (x, y, z)					
	FeMo$_2$W$_3$C	FeW$_2$Mo$_3$C	Fe$_2$MoW$_3$C	Fe$_2$WMo$_3$C	Fe$_3$MoW$_2$C	Fe$_3$WMo$_2$C
48f	W (0.190, 0, 0)	Mo (0.190, 0, 0)	W (0.192, 0, 0)	Mo (0.191, 0, 0)	Fe (0.182, 0, 0)	Fe (0.180, 0, 0)
16c	C (0.125, 0.125, 0.125)	C (0.125, 0.125, 0.125)	C (0.125, 0.125, 0.125)	C (0.125, 0.125, 0.125)	C (0.125, 0.125, 0.125)	C (0.125, 0.125, 0.125)

由于高速钢物相复杂，实验很难对高速钢中的四元 η 相进行精确的 XRD 表征，目前的衍射数据库中也没有对应的标准衍射图谱。在得到 (Fe,W,Mo)$_6$C 相的稳定晶体结构后，可以采用模拟方法得到每种物相对应的理论 XRD 图谱，如图 6.25 所示。由于本节研究的四元 (Fe,W,Mo)$_6$C 相为一种有序固溶体超结构，在

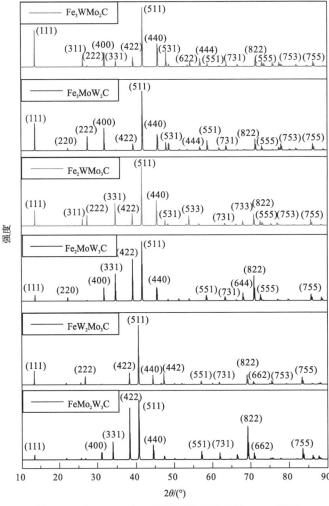

图 6.25　(Fe,W,Mo)$_6$C 型固溶体相的理论 XRD 图谱

无序固溶体中等同的平行原子平面不等同,其单晶衍射图样上出现原来没有的超结构线。对比第 3 章从 $W_6Mo_5Cr_4V_2$ 中萃取的碳化物的 XRD 图,从图 6.24 可以看到,除了 Fe_3W_3C 的标准 PDF 卡片上出现的(331)、(422)、(511)、(440)和(822)晶面主峰,还出现了(222)、(400)和(551)等峰。由于结构改变,Fe_2MoW_3C 和 $FeMo_2W_3C$ 的(422)与(822)晶面的峰较强,而其他物相的这两个峰较弱。Fe_2WMo_3C、Fe_2MoW_3C 和 $FeMo_2W_3C$ 的(331)峰较强,而其他三种物相的(331)峰变弱。

6.4.2　化学键布居数分析

每种四元 $(Fe,W,Mo)_6C$ 相的化学键作用相当复杂,基于 Mulliken 布居数分析可以得到每种化学键的键长和布居数。布居数可以反映化学键的强度,一般布居数越大,化学键越强。负的布居数表示两个原子间没有化学键的作用甚至相互排斥。相关结果如图 6.26 所示,可以看到 Fe_3MoW_2C 和 Fe_3WMo_2C 中以 C—Fe 键与 W—Mo 键为主,还有较强的 Fe—Mo 键和 Fe—W 键的作用。FeW_2Mo_3C 中以 C—Mo 键和 Fe—W 键为主,还有 Mo—W 键的作用。$FeMo_2W_3C$ 中以 C—W 键和 Fe—Mo 键为主,还有 Mo—W 键的作用。Fe_2WMo_3C 以 C—Mo 键和 Fe—Mo 键为主,还有 Fe—W 键的作用。Fe_2MoW_3C 中以 C—W 键和 Fe—W 键为主。除此之外,这些化合物中还有 C—C 反键态和 W—W 反键态,表明原子之间存在排斥力。

差分电荷密度图能更直观地分析化合物中不同原子间的成键状态,图 6.27 为不同 $(Fe,W,Mo)_6C$ 型固溶体相在(110)晶面上的差分电荷密度图。Fe、W、Mo 周围区域原子失电子,C 周围区域原子得电子。在 Fe_2WMo_3C 的(110)晶面上明显看到 C 和 Mo 间的强相互作用。Fe_2MoW_3C 中可以看到 C 和 W 之间的强相互作用。在 $FeMo_2W_3C$ 和 FeW_2Mo_3C 的(110)晶面上,C 和 W 以及 C 和 Mo 之间的相互作用减弱,但是 Fe 和 Mo 以及 Fe 和 W 之间的相互作用较强。Fe_3MoW_2C 与 Fe_3WMo_2C 中 C 和 Fe 间的相互作用较弱,除 W 和 Mo 间的相互作用外,Fe_3MoW_2C 还有 Fe 和 W 间的相互作用,Fe_3WMo_2C 还有 Fe 和 Mo 间的相互作用。分析结果与布居数分析结果一致。

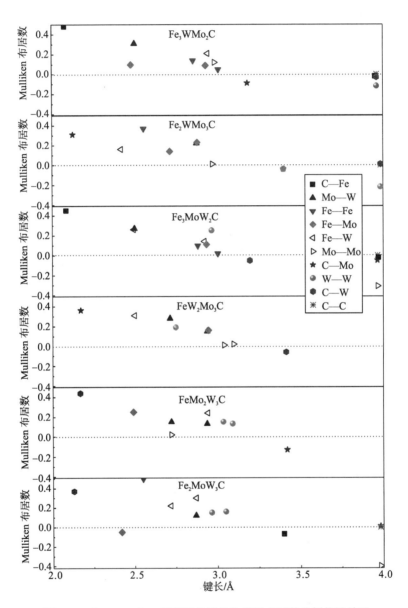

图 6.26　(Fe,W,Mo)$_6$C 型固溶体相的化学键布居数分析统计结果

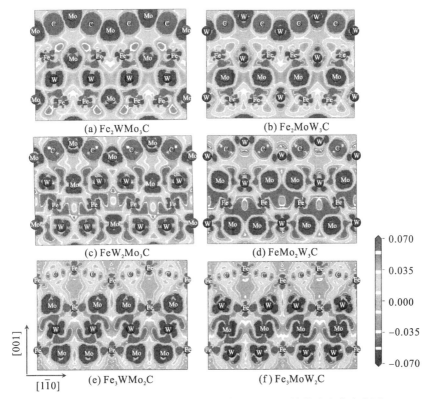

图 6.27　(Fe,W,Mo)$_6$C 型固溶体相在 (110) 晶面的差分电荷密度图

6.4.3　力学性质优化

采用应力-应变方法得到六种 (Fe,W,Mo)$_6$C 型固溶体弹性常数 (C_{11}、C_{44} 和 C_{12}) 随物相理论密度的变化，如图 6.28 (a) 所示。Fe$_2$WMo$_3$C 和 Fe$_2$MoW$_3$C 的 C_{11} 与 C_{44} 值最大。每种物相 C_{12} 值较为接近，但是 Fe$_2$WMo$_3$C 和 Fe$_2$MoW$_3$C 的值较小。通过 Voigt-Ruess-Hill 近似方法计算体模量 (B)、剪切模量 (G) 和杨氏模量 (E)，如图 6.28 (b) 所示。Fe$_2$WMo$_3$C 和 Fe$_2$MoW$_3$C 的体模量、剪切模量与杨氏模量都为最大。从以上对电子结构的分析可知，这是因为 Fe$_2$WMo$_3$C 中 Mo 原子含量较高，形成的 C—Mo 键较强，键密度较高，还伴随着 Fe—Mo 键和 W—Mo 键的综合作用；Fe$_2$MoW$_3$C 中 W 原子含量较高，形成的 C—W 键较强，键密度较高，还伴随着 Fe—W 键和 W—Mo 键的综合作用。Fe$_3$MoW$_2$C 和 Fe$_3$WMo$_2$C 中以 C—Fe 键为主，键强明显弱于 C—W 键和 C—Mo 键，因此其模量较低。虽然 FeW$_2$Mo$_3$C 中同样以 C—Mo 键和 Fe—W 键为主，FeMo$_2$W$_3$C 中同样以 C—W 键和 Fe—Mo 键为主，还有 Mo—W 键的作用。但是 FeW$_2$Mo$_3$C 中 C—Mo 键较弱，存在 C—W 键的反键态。FeMo$_2$W$_3$C 中 C—W 键弱，存在 C—Mo 键的反键态，会进一步减弱其整体键强，使模量降低。

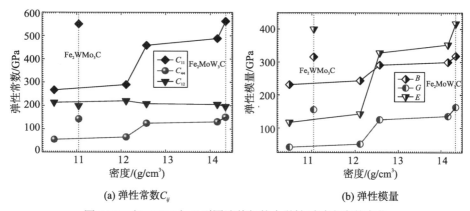

(a) 弹性常数C_{ij}　　　　　　　　　　　　　　(b) 弹性模量

图 6.28　(Fe,W,Mo)$_6$C 型固溶体相的力学性质随密度的变化

通过立方晶系熔点计算的半经验公式，得到六种(Fe,W,Mo)$_6$C 型固溶体相的理论熔点随密度的变化[154]：

$$T_m = 553\text{K} + \frac{5.91\,\text{K}}{\text{GPa}} C_{11} \qquad (6\text{-}2)$$

其中，T_m 为熔点；C_{11} 为弹性常数。目前已知 TaC 的熔点高达 3800℃[155]，W$_2$C 的熔点为 2870℃，Mo$_2$C 的熔点为 2615℃，本节采用式(6-2)预测的(Fe,W,Mo)$_6$C 体系熔点偏高。虽然绝对值不够准确，但是比较相对值仍然具有参考意义。从图 6.29 可以看到，Fe$_2$WMo$_3$C 和 Fe$_2$MoW$_3$C 仍然具有最高的熔点，源于其相对强的化学键合作用。熔点的变化趋势与弹性模量的变化趋势极为相符。综合弹性和熔点计算结果，对于四元(Fe,W,Mo)$_6$C 型固溶体相，并考虑其原子占位，当金属原子比在 16.7%＜Fe/(Fe+Mo+W)＜50%时，整体化学键合作用强，能够使物相获得较高的弹性模量和熔点。

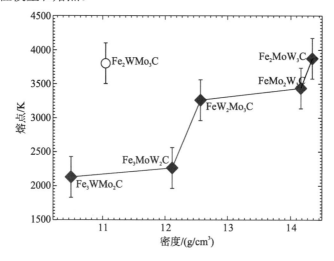

图 6.29　半经验公式计算得到的(Fe,W,Mo)$_6$C 型固溶体相的熔点随密度的变化

用三维曲面图的方法来表征本节研究的六种(Fe,W,Mo)₆C 型固溶体的杨氏模量各向异性，结果如图 6.30 所示。Fe₃WMo₂C 和 Fe₃MoW₂C 的杨氏模量各向异性最强，且其沿[100]、[010]和[001]主轴方向的杨氏模量较小，沿[011]、[111]等方

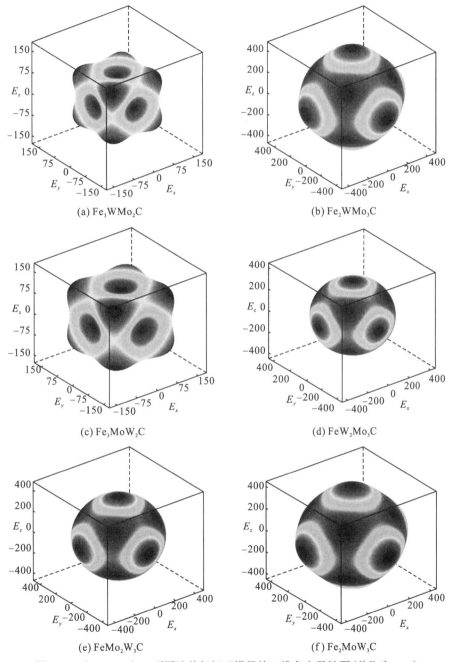

(a) Fe₃WMo₂C

(b) Fe₂WMo₃C

(c) Fe₃MoW₂C

(d) FeW₂Mo₃C

(e) FeMo₂W₃C

(f) Fe₂MoW₃C

图 6.30　(Fe,W,Mo)₆C 型固溶体相杨氏模量的三维各向异性图(单位为 GPa)

向的杨氏模量较大。而 Fe_2WMo_3C、FeW_2Mo_3C、$FeMo_2W_3C$ 和 Fe_2MoW_3C 的曲面图接近球形，说明其杨氏模量各向异性较弱，且非常相似，沿[100]、[010]和[001]主轴方向的杨氏模量较大。由于抗磨钢铁中强化相多为单晶状态，在获得其力学各向异性之后，能够判断弹性模量取得较大值的晶向。在实验过程中采取一定措施有目的地控制强化相的择优定向生长，充分利用其各向异性提高抗磨钢铁材料的整体强度和硬度，对新型钢铁材料的设计具有重大意义。

6.5　本　章　小　结

（1）采用第一性原理计算结合半经验模型研究了高速钢中 V-C 二元相以及 M_6C(M=Fe, W, Mo)型强化相的结构、力学和热学性质，获得了有序碳空位对 VC_{1-x} 相结构和性能的影响，研究了金属元素化学配比和原子占位对 M_6C(M=Fe, W, Mo)结构和性能的影响。

（2）有序碳空位浓度低于 16.7%时，VC_{1-x} 相稳定性加强，随有序碳空位浓度的增大，VC_{1-x} 相剪切模量和杨氏模量都减小，说明有序碳空位能使 VC_{1-x} 相弹性模量退化。V_8C_7 具有最大的本征硬度，但是与 VC 相比，V_8C_7 的高温力学性质较差。VC、V_8C_7 和 V_4C_3 的杨氏模量沿主轴取得最大值，V_6C_5 沿[001]方向取得最大值。

（3）V_8C_7 的热膨胀系数最大，高温下可达 $2.8\times10^{-5}\,K^{-1}$，与钢铁基体最为接近。等压热容的计算结果与实验值较为相符，V_8C_7 的晶格热导率最小，V_4C_3 的晶格热导率最大，并且电子热导率与晶格热导率相当，基于 Bloch-Grüneisen 近似得到 VC_{1-x} 相电阻率随温度的变化，与实验值较为符合。

（4）三元 $Fe_{6-x}M_xC$ (M=W/Mo) 相，当原子比 Fe/(Fe+M)＞50%后，弹性模量急剧下降，Fe_2W_4C 和 Fe_3Mo_3C 的高温力学性质比 Fe_2Mo_4C 与 Fe_3W_3C 好，但是热膨胀系数低。Fe_2Mo_4C 和 Fe_3W_3C 的热膨胀系数为 $0.6\times10^{-5}\,K^{-1}$，综合考虑其力学性质，可以作为抗磨钢铁中合适的强化相。

（5）四元(Fe,W,Mo)$_6C$ 型固溶体相，当原子比 16.7%＜Fe/(Fe+Mo+W)＜50%时，化学键以 C—Mo 键、C—W 键、Fe—Mo 键和 Fe—W 键为主，化学键整体作用较强，能够获得较高的弹性模量和熔点。Fe_3WMo_2C 和 Fe_3MoW_2C 的杨氏模量沿[100]、[010]、[001]主轴方向较小，沿其他方向较大。而 Fe_2WMo_3C、FeW_2Mo_3C、$FeMo_2W_3C$ 和 Fe_2MoW_3C 的杨氏模量沿[100]、[010]、[001]主轴方向较大。

第7章 实验验证抗磨钢铁中强化相的性质

本章将采用先进的性能表征手段，实验研究过共晶高铬铸铁中 M_7C_3 型初生碳化物的性质控制，同时对 W6 和 W18 高速钢中主要的强化相 M_6C 相的力学性质进行表征。将实验结果与前面相关的部分理论计算结果进行对比，从而验证理论计算的可靠性，初步探究理论计算指导实验研究的模式，为传统抗磨钢铁材料的研发提供新思路。

7.1 钨对过共晶高铬铸铁初生碳化物韧性的影响

第 5 章的理论计算结果表明，h-$(Fe,Cr)_7C_3$ 掺杂一定量的 W 或 Mo 元素能够有效改善其韧性。在第 2 章制备的 Fe-12%Cr-4.5%C（质量分数）过共晶高铬铸铁的基础上，本节采用重熔工艺，制备六种钨含量和一种添加钼的过共晶高铬铸铁试样，采用化学分析法检测得到的元素质量分数如表 7.1 所示。

表 7.1 六种不同钨含量和钼含量的过共晶高铬铸铁的各元素质量分数　（单位：%）

编号	C	Cr	W	Mo	Ti	Si	P	S
1#	4.58	12.05	0	0	0.120	0.55	0.16	0.053
2#	4.60	12.11	0.86	0	0.130	0.56	0.15	0.044
3#	4.42	12.23	1.45	0	0.125	0.54	0.17	0.050
4#	4.69	11.97	2.23	0	0.118	0.58	0.14	0.042
5#	4.52	12.03	2.84	0	0.109	0.49	0.15	0.051
6#	4.48	11.82	3.22	0	0.110	0.65	0.16	0.046
7#	4.46	11.99	0	3.24	0.098	0.52	0.13	0.041

采用相图计算，模拟表 7.1 中六种钨含量的过共晶高铬铸铁凝固过程组织相图，预测其物相组成，如图 7.1 所示。室温下，所设计的六种含钨高铬铸铁的物相组成为 α-Fe、$(Fe,Cr)_7C_3$ 和 $(Fe,Cr)_3C$，添加钨元素能生成少量 WC 或 W_2C 相。

采用 XRD 对不同钨含量的过共晶高铬铸铁物相组成进行表征，结果如图 7.2 所示。分析发现，XRD 检测结果与图 7.1 模拟的凝固过程组织相图中的物相组成基本符合。

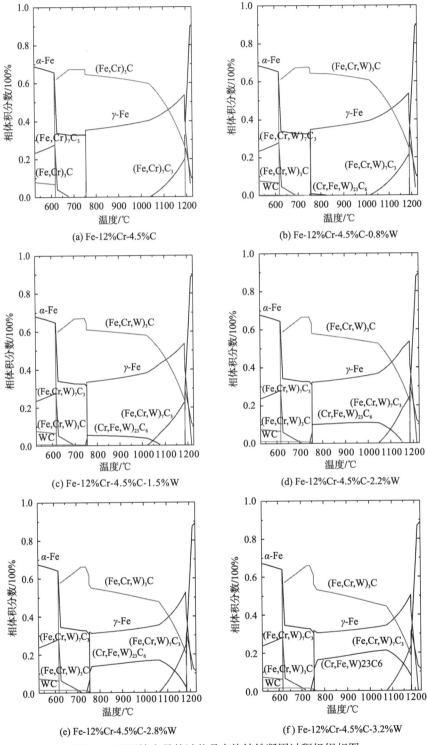

图 7.1   不同钨含量的过共晶高铬铸铁凝固过程组织相图

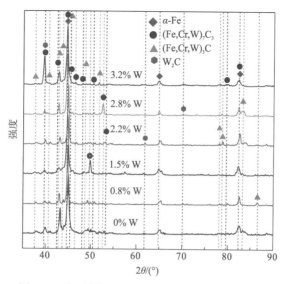

图 7.2　不同钨含量的过共晶高铬铸铁 XRD 图谱

　　采用强酸萃取的方法获得理论钨含量 0 %、1.5 % 和 3.2 %（质量分数，下同）的过共晶高铬铸铁碳化物粉末，采用扫描电镜观察 M_7C_3 型初生碳化物形貌（图 7.3）。碳化物呈六棱柱状，由于初生碳化物结晶质量不佳，缺陷较多，在制样过程中出现断裂。采用能谱分析其元素组成，发现钨元素固溶进 M_7C_3 型碳化物中，形成 $(Fe,Cr,W)_7C_3$ 型碳化物。

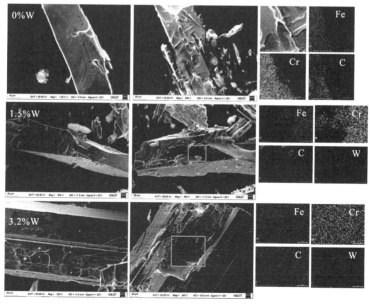

图 7.3　理论钨含量为 0%、1.5% 和 3.2% 的过共晶高铬铸铁中
强酸萃取的初生碳化物的微观形貌及元素分布

采用 2.2.4 节中介绍的纳米压痕法，即通过测量压痕扩展裂纹的长度和杨氏模量，可以得到不同钨含量的过共晶高铬铸铁中初生碳化物的断裂韧性。对于理论钨含量为 0%、1.5 %和 3.2 %的过共晶高铬铸铁，其初生碳化物上的压痕形貌如图 7.4 所示。每种碳化物上测试 4 个点，以验证其可重复性，但是每种碳化物上只统计第一个点的压痕裂纹长度。

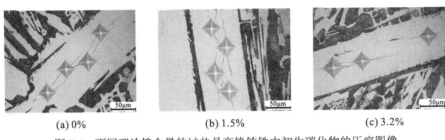

(a) 0%   (b) 1.5%   (c) 3.2%

图 7.4   不同理论钨含量的过共晶高铬铸铁中初生碳化物的压痕图像

每种碳化物的杨氏模量采用纳米压痕仪测试结果。实验测得的硬度和采用式 (2-3) 计算得到的初生碳化物断裂韧性如图 7.5 所示，初生碳化物显微硬度和断裂韧性都随着铸铁中钨含量升高而增大。图 7.3 的分析已经表明钨元素固溶进 M_7C_3 型碳化物中，可推断钨的掺杂能够提高初生碳化物的断裂韧性，这与第 5 章的计算结果相符。

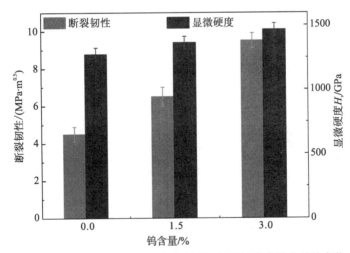

图 7.5   初生碳化物的显微硬度和断裂韧性随铸铁中钨含量的变化

7.2   过共晶高铬铸铁初生碳化物力学各向异性

通过 Nanomechanics 公司的 iNano 设备，对过共晶高铬铸铁中初生碳化物的力学各向异性进行研究。选取理论钨含量为 0%和 3.2%的过共晶高铬铸铁为研究对象，在初生碳化物的横截面(平行于(0001)晶面)和纵截面(垂直于(0001)晶面)选取多个点，分别做压痕点阵，测试位置如图 7.6 所示。

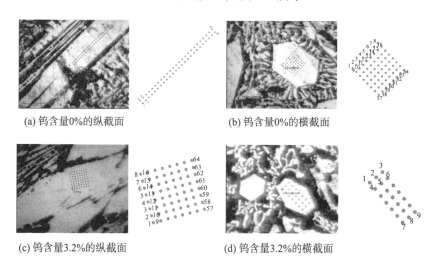

(a) 钨含量0%的纵截面　　　　　　(b) 钨含量0%的横截面

(c) 钨含量3.2%的纵截面　　　　　　(d) 钨含量3.2%的横截面

图 7.6　过共晶高铬铸铁中初生碳化物纳米压痕点阵分布

第 3 章的检测结果表明钨含量0%的过共晶高铬铸铁中初生碳化物的化学计量比为 $Fe_{4.9}Cr_{2.1}C_3$。图 7.7 为纳米压痕测得的初生碳化物沿不同方向的硬度和杨氏模量，数据比较离散，主要是因为初生碳化物结晶质量低、存在元素偏析和缺陷等。但总体而言，横截面上测得的杨氏模量(沿[0001]晶向)平均值为 348 GPa，大于纵截面上测得的杨氏模量(垂直[0001]晶向)平均值(305 GPa)。与 5.3.5 节计算的 $Fe_{38}Cr_{18}C_{24}$ 沿不同晶向的杨氏模量趋势一致。计算的 $Fe_{38}Cr_{18}C_{24}$ 沿[0001]方向的杨氏模量为 320 GPa，大于[$1\bar{2}\bar{1}0$]和[$\bar{1}\bar{1}00$]方向的杨氏模量(分别为 218 GPa 与 220 GPa)。理论本征硬度与杨氏模量正相关，因此实验测得的硬度的各向异性与杨氏模量的各向异性相同，横截面的硬度大于纵截面。由于高铬铸铁中 M_7C_3 型碳化物择优取向生长，一般高硬度代表高的耐磨性，则 M_7C_3 型碳化物横截面的耐磨性优于纵截面。

图 7.8 为采用纳米压痕测得的钨含量 0%、3.2%和钼含量 3.2 %的过共晶高铬铸铁中初生碳化物沿不同方向的硬度，并与 5.3.3 节理论计算的 $Cr_4Fe_3C_3$、$Cr_3Fe_3WC_3$ 和 $Cr_3Fe_3MoC_3$ 的硬度进行对比。发现实验值比理论值偏大，其原因是实验中初生碳化物的元素配比与理论计算模型有一定差异。目前的实验技术很难精确控制碳化物中的元素比例，而计算模型的元素配比也很难与实验一致，只能尽量缩小差异。此外，实验测量存在误差，硬度的理论预测模型并不完全适用本体系，这也导致理论计算值与实验值的差异。

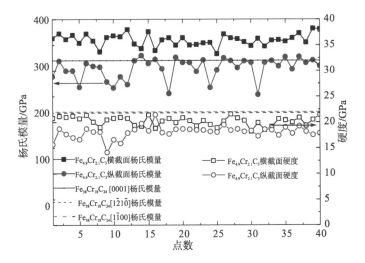

图 7.7　纳米压痕测得 $Fe_{4.9}Cr_{2.1}C_3$ 沿不同方向硬度和杨氏模量，
并与计算得到的 $Fe_{38}Cr_{18}C_{24}$ 沿不同晶向的杨氏模量进行对比

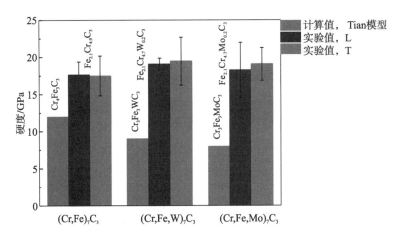

图 7.8　纳米压痕方法测得的钨含量 0%、3.2%和钼含量 3.2%
的过共晶高铬铸铁中初生碳化物沿不同方向的硬度，并与计算值对比

T 表示横截面；L 表示纵截面

　　图 7.9 为采用纳米压痕测得的钨含量 0%、3.2%和钼含量 3.2%的过共晶高铬铸铁初生碳化物在横截面和纵截面上的杨氏模量，并与 5.3.3 节理论计算的沿[0001]和[$\bar{1}2\bar{1}0$]晶向的值进行对比。可以发现，理论计算值与实验值存在一定差异，但是趋势一致。计算值和实验值都表明，碳化物在横截面上测得的杨氏模量大于纵截面上的测量值。计算值和实验值的差异主要是计算模型的元素配比与实验中碳化物化学配比不完全相同，初生碳化物实际晶体结构结晶度不高，存在元素偏析和缺陷等。此外，纳米压痕技术的实验测量存在误差。

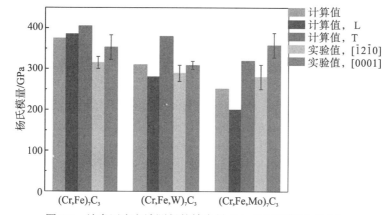

图 7.9　纳米压痕方法测得的钨含量 0%、3.2%和钼含量 3.2%
的过共晶高铬铸铁中初生碳化物沿不同方向的杨氏模量和理论计算值

T 表示横截面；L 表示纵截面

7.3　纳米压痕研究高速钢中 M_6C 相的力学性质

通过 Nanomechanics 公司的 iNano 设备，采用 NanoBlitz 3D 方法，选择高速钢中 20μm×20μm 的区域对强化相的模量和硬度进行表征。W6 高速钢上压痕位置和分布如图 7.10 所示，基体硬度小，强化相硬度大，因此图 7.10 中基体上的压痕面积大，强化相上的压痕面积小。每张模量/硬度图上采集 900 个压痕数据，得到了 W6 和 W18 高速钢的杨氏模量与硬度的二维分布。W6 高速钢的表征结果如图 7.11 所示。图 7.11 (a)中深色区域表示杨氏模量较高；7.11 (b)中浅色区域表示硬度较高。结合图 3.8 中 W6 高速钢的微观组织形貌，可以推测为碳化物强化相颗粒。

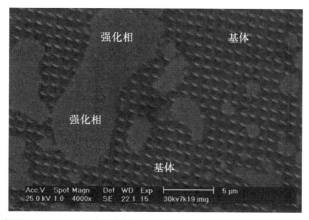

图 7.10　采用 NanoBlitz 3D 方法测试 W6 高速钢基体和强化相的压痕位置与分布

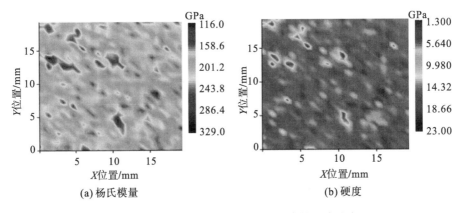

图 7.11　W6 高速钢的杨氏模量和硬度的二维分布

图 7.12 为 W6 高速钢的杨氏模量和硬度沿 Y 轴方向的统计值，可以看到 W6 高速钢中碳化物杨氏模量的最大值超过 330 GPa，硬度最大达到 20 GPa。第 3 章采用电子探针微区分析的检测结果表明，W6 高速钢中 M_6C 型强化相的化学配比为 $Fe_{2.39}W_{1.14}Mo_{1.57}Cr_{0.54}V_{0.36}C_{1.09}$。据此建立化学配比接近的 $Fe_{32}W_{16}Mo_{35}Cr_5V_5C_{16}$ 的模型，计算得到杨氏模量为 346.9 GPa，硬度为 14.52 GPa。第 6 章中 $FeMo_2W_3C$ 和 FeW_2Mo_3C 的杨氏模量计算值为 352.6 GPa 和 328.2 GPa，硬度为 12.0 GPa 和 10.7 GPa，计算值比实验值大。其差异来源于碳化物实际结构和元素配比与理论计算模型不完全相同，实际碳化物中缺陷的存在会使弹性模量和硬度降低。此外，纳米压痕方法测试材料本征弹性模量仍存在误差。

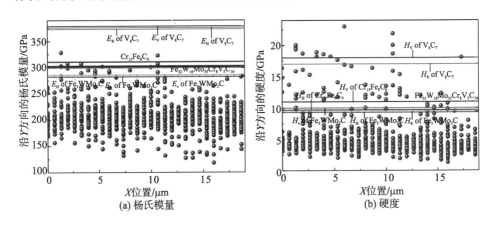

图 7.12　W6 高速钢的杨氏模量和硬度沿 Y 轴方向的统计值，并与计算值对比

图 7.13 为 W18 高速钢的杨氏模量和硬度的二维分布，图中大块的深色区域表示硬度和杨氏模量较高，结合图 3.14 中 W18 高速钢的微观组织形貌，可以推测为块状的碳化物强化相颗粒。

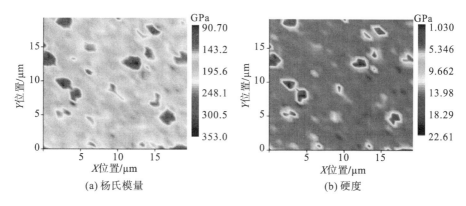

图 7.13 W18 高速钢的杨氏模量和硬度的二维分布

图 7.14 为 W18 高速钢的杨氏模量和硬度沿 Y 轴方向的统计值，可以看到 W18 高速钢中碳化物杨氏模量的最大值超过 350 GPa，硬度最大达到 22 GPa，第 3 章中采用电子探针微区分析的检测结果表明，W18 高速钢中 M_6C 型强化相的化学配比为 $Fe_{3.01}W_{2.33}Cr_{0.38}V_{0.28}C_{1.06}$。据此建立化学配比接近的 $Fe_{48}W_{38}Cr_6V_4C_{16}$ 的模型，计算得到杨氏模量为 347.4 GPa，硬度为 13.98 GPa。第 6 章中 Fe_3W_3C 和 Fe_2W_4C 的杨氏模量计算值为 448.8 GPa 和 419.1 GPa，Fe_3W_3C 和 Fe_2W_4C 的硬度计算值为 17.8 GPa 和 16.4 GPa，计算值比实验值大。差异原因与 W6 高速钢情况相同。

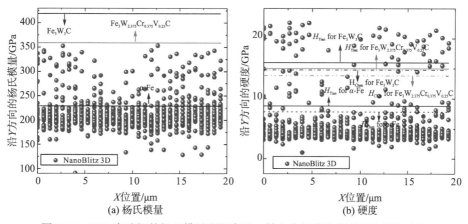

图 7.14 W18 高速钢的杨氏模量和硬度沿 Y 轴方向的统计值并与计算值对比

7.4 本 章 小 结

(1) 设计了不同钨含量的过共晶高铬铸铁试样，通过纳米压痕法，得到初生碳化物断裂韧性随钨添加量的变化。发现钨掺杂进初生碳化物后，能够提高初生碳化物的断裂韧性，验证了计算得到的结论。

(2)采用纳米压痕技术研究了过共晶高铬铸铁中初生碳化物 $Fe_{4.9}Cr_{2.1}C_3$ 的力学各向异性，发现横截面上测得的杨氏模量(沿[0001]晶向)平均值为 348 GPa，大于纵截面上测的杨氏模量(垂直[0001]晶向)平均值(305 GPa)。与计算得到的 $Fe_{38}Cr_{18}C_{24}$ 沿不同晶向的杨氏模量趋势一致。初生碳化物横截面的硬度大于纵截面。

(3)采用 NanoBlitz 3D 方法，得到了 W6 和 W18 高速钢的杨氏模量与硬度的二维分布及沿 x 轴方向的统计值。发现 W6 高速钢中 $Fe_{2.39}W_{1.14}Mo_{1.57}Cr_{0.54}V_{0.36}C_{1.09}$ 强化相的杨氏模量最大值超过 330 GPa，硬度最大达到 20 GPa，W18 高速钢中 $Fe_{3.01}W_{2.33}Cr_{0.38}V_{0.28}C_{1.06}$ 强化相的杨氏模量最大值超过 350 GPa，硬度最大达到 22 GPa，比建立相近模型得到的计算值偏小。

第8章 结 论

本书以目前广泛应用的抗磨钢铁中典型的强化相为研究对象，采用第一性原理计算结合先进的结构与性能表征技术，根据强化相的结构演变，计算获得多元强化相的结构、力学和热学性质。总结多元合金化对其性质的影响，并从原子-电子层次给出相关解释。根据计算结果设计与制备相关实验试样，对部分理论计算结果进行验证。得到以下结论。

(1) 不同成分的抗磨钢铁，其强化相的成分也不同。Fe-12%Cr-4.5%C（质量分数）过共晶高铬铸铁中 M_7C_3 型初生碳化物结构为六方结构，空间群类型 $P6_3mc$，晶胞参数为 $a=b=13.842$Å，$c=4.495$Å，$\alpha=\beta=90°$，$\gamma=120°$，原子比 Fe：Cr=4.9∶2.1。强酸萃取得到 W6 和 W18 高速钢中纯碳化物粉末，W6 高速钢中以 M_6C 为主，并含有 V_8C_7 和 $M_{23}C_6$。M_6C 的化学计量比为 $Fe_{2.39}W_{1.14}Mo_{1.57}Cr_{0.54}V_{0.36}C_{1.09}$，金属元素以 Fe、W、Mo 为主，Cr、V 含量较少；W18 中强化相以 M_6C 为主，M_6C 的化学计量比为 $Fe_{3.01}W_{2.33}Cr_{0.38}V_{0.28}C_{1.06}$，金属元素以 Fe、W 为主，Cr、V 含量较少。

(2) 除 ε-Fe_3C 和 ε-Fe_2C 外，其他 Fe-C 相对于 α-Fe 和石墨都为热力学非稳定相。Fe-C 相化学键以 Fe—C 共价键为主，但有较强的金属性和离子性特征。力学性质随碳含量提高而整体提高，为韧性相。高温下，η-Fe_2C 热膨胀系数最大，达到 45×10^{-6} K^{-1}。θ-Fe_3C 热导率的各向异性强，其层状链式结构能够加强声子散射，从而降低热导率。

(3) o-Cr_7C_3 型多元碳化物热膨胀系数各向异性明显，B 和 Mo 共掺降低热膨胀系数，而 B 或 W 掺杂提高热膨胀系数，最大达到 5×10^{-5} K^{-1}。B 和 Mo 或 B 和 W 的共掺能够提高其高温力学性质。o-Cr_7C_3 型多元碳化物沿[011]方向的极限热导率大于其他方向。B 的掺杂能改善 h-Cr_7C_3 型多元碳化物的抗氧化性。Mo、W 以及 W+B 共掺能提高 h-Cr_7C_3 型多元碳化物的韧性。Mo、W 和 B 共掺能在获得高力学性能的基础上，提高热膨胀系数，达到 8×10^{-5} K^{-1}，与钢铁基体热膨胀系数更匹配。

(4) 有序碳空位浓度低于 16.7%时，VC_{1-x} 相稳定性加强，但使 VC_{1-x} 相弹性模量退化。V_8C_7 本征硬度最大，但与 VC 相比，其高温力学性质差。VC、V_8C_7 和 V_4C_3 的杨氏模量沿主轴取得最大值。V_8C_7 的热膨胀系数最大，高温下达到 2.8×10^{-5} K^{-1}。基于 Bloch-Grüneisen 近似得到 VC_{1-x} 相电阻率随温度的变化，与实验值较符合。二元 $Fe_{6-x}M_xC$（M=W/Mo）相中，当原子比 Fe/(Fe+M)>50%后，弹性模量急剧降低。Fe_2W_4C 和 Fe_3Mo_3C 的高温力学性质优于 Fe_2Mo_4C 与

Fe_3W_3C。Fe_2Mo_4C 和 Fe_3W_3C 的热膨胀系数达到 0.6×10^{-5} K^{-1}。对于四元 $(Fe,W,Mo)_6C$ 相，当原子比 16.7%＜Fe/(Fe+Mo+W)＜50%时，整体化学键合作用强，能够获得高的弹性模量和熔点。

(5)实验验证了钨的掺杂能提高过共晶高铬铸铁中初生碳化物的断裂韧性。纳米压痕技术发现初生碳化物横截面的杨氏模量和硬度略大于纵截面的杨氏模量和硬度，与计算相符；采用 NanoBlitz 3D 方法得到 W6 和 W18 高速钢的杨氏模量与硬度的二维分布及沿 x 轴方向的统计值。W6 中 M_6C 强化相的杨氏模量最大值超过 330 GPa，硬度最大超过 20 GPa；W18 中强化相的杨氏模量最大值超过 350 GPa，硬度最大达到 22 GPa。

参 考 文 献

[1] 陈华辉, 邢建东, 李卫. 耐磨材料应用手册[M]. 2 版. 北京: 机械工业出版社, 2012.

[2] 李卫. 中国铸造耐磨材料产业技术路线图[M]. 北京: 机械工业出版社, 2011.

[3] Bialon A. The Iron-Boron System: Ordered Structures and Point Defects[D]. Bochum: Ruhr-Universität Bochum, 2013.

[4] Fu H, Xiao Q, Xing J. A study of segregation mechanism in centrifugal cast high speed steel rolls[J]. Materials Science and Engineering A, 2008, 479(1-2): 253-260.

[5] 王维青. 硅影响 M2 高速钢中碳化物形成和转变的研究[D]. 重庆: 重庆大学博士学位论文, 2012.

[6] 温放放. 锆刚玉/高铬铸铁蜂窝复合材料热处理工艺研究[D]. 昆明: 昆明理工大学硕士学位论文, 2015.

[7] 雍岐龙. 钢铁材料中的第二相[M]. 北京: 冶金工业出版社, 2006.

[8] Ma S Q, Xing J D, Fu H, et al. Microstructure and crystallography of borides and secondary precipitation in 18 wt. % Cr-4 wt. % Ni-1 wt. % Mo-3. 5 wt. % B-0. 27 wt. % C steel[J]. Acta Materialia, 2012, 60(3): 831-843.

[9] Ma S Q, Xing J D, He Y L, et al. Microstructure and crystallography of M_7C_3 carbide in chromium cast iron[J]. Materials Chemistry and Physics, 2015, 161(1): 65-73.

[10] Sun Z P, Zuo R, Li C, et al. TEM study on precipitation and transformation of secondary carbides in 16Cr-1Mo-1Cu white iron subjected to subcritical treatment[J]. Materials Characterization, 2004, 53(5): 403-409.

[11] Wang J, Li C, Liu H, et al. The precipitation and transformation of secondary carbides in a high chromium cast iron[J]. Materials Characterization, 2006, 56(1): 73-78.

[12] 徐流杰, 魏世宗, 韩明儒. 高钒钢的组织与性能[M]. 北京: 科学出版社, 2010.

[13] Lv Z, Fu H G, Xing J, et al. Microstructure and crystallography of borides and mechanical properties of Fe-B-C-Cr-Al alloys[J]. Journal of Alloys and Compounds, 2016, 662(25): 54-62.

[14] Takahashi J, Kawakami K, Tarui T. Direct observation of hydrogen-trapping sites in vanadium carbide precipitation steel by atom probe tomography[J]. Scripta Materialia, 2012, 67(2): 213-216.

[15] 刘文庆, 朱晓勇, 王晓姣, 等. 铌钒微合金钢中碳化物的析出过程[J]. 材料科学与工艺, 2010, 18(2): 164-167.

[16] Wiengmoon A, Chairuangsri T, Brown A, et al. Microstructural and crystallographical study of carbides in 30 wt. % Cr cast irons[J]. Acta Materialia, 2005, 53(15): 4143-4154.

[17] Carpenter S D, Carpenter D E O S, Pearce J T H. The nature of stacking faults within iron-chromium carbide of the type (Fe, Cr)$_7C_3$[J]. Journal of Alloys and Compounds, 2010, 494(1-2): 245-251.

[18] Christodoulou P, Calos N. A step towards designing Fe-Cr-B-C cast alloys[J]. Materials Science and Engineering A, 2001, 301(2): 103-117.

[19] Anijdan S H M, Bahrami A, Varahram N, et al. Effects of tungsten on erosion-corrosion behavior of high chromium white cast iron[J]. Materials Science and Engineering A, 2007, 454-455(16): 623-628.

[20] Zhi X, Xing J, Fu H. Effect of niobium on the as-cast microstructure of hypereutectic high chromium cast iron[J]. Materials Letters, 2008, 62（6）: 857-860.

[21] Wu X, Xing J, Fu H. Effect of titanium on the morphology of primary M_7C_3 carbides in hypereutectic high chromium white iron[J]. Materials Science and Engineering A, 2007, 457（1）: 180-185.

[22] 柳青. 高铬铸铁中碳化物的变质处理[D]. 济南: 山东大学硕士学位论文, 2011.

[23] 李秀兰. 铬系耐磨合金凝固组织性能控制关键技术基础问题研究[D]. 西安: 西安建筑科技大学博士学位论文, 2013.

[24] 符寒光, 刘金海, 邢建东. RE-Mg-Ti 复合变质高碳高速钢轧辊的组织和性能[J]. 钢铁研究学报, 2003, 15(3): 39-43.

[25] 师晓莉. Fe-Cr-B-C 系高硼铁基合金强化相形态控制及其对性能影响研究[D]. 昆明: 昆明理工大学博士学位论文, 2016.

[26] 徐流杰, 魏世忠, 龙锐. 高钒高速钢中碳化钒的形态分布研究[J]. 铸造, 2003, 52(11): 1069-1073.

[27] Liu Z L, Chen X, Li Y X, et al. Effect of chromium on microstructure and properties of high boron white cast iron[J]. Metallurgical and Materials Transactions A, 2008, 39（3）: 636-641.

[28] 冯唯伟. 含氮与稀土 M2 高速钢碳化物特性研究[D]. 秦皇岛: 燕山大学硕士学位论文, 2013.

[29] 吴来磊. 钨铌钒无限冷硬铸铁组织与性能及碳化物的力学特性[D]. 秦皇岛: 燕山大学硕士学位论文, 2013.

[30] Kawalec M, Fras E. Structure, mechanical properties and wear resistance of high-vanadium cast iron[J]. ISIJ International, 2008, 48（4）: 518-524.

[31] Huang Z F, Xing J, Guo C. Improving fracture toughness and hardness of Fe_2B in high boron white cast iron by chromium addition[J]. Materials & Design, 2010, 31（6）: 3084-3089.

[32] Huang Z F, Xing J, Lv L. Effect of tungsten addition on the toughness and hardness of Fe_2B in wear-resistant Fe-B-C cast alloy[J]. Materials Characterization, 2013, 75: 63-68.

[33] Casellas D, Caro J, Molas S. Fracture toughness of carbides in tool steels evaluated by nanoindentation[J]. Acta Materialia, 2007, 55（13）: 4277-4286.

[34] Coronado J J. Effect of load and carbide orientation on abrasive wear resistance of white cast iron[J]. Wear, 2011, 270（11）: 823-827.

[35] Wu L, Yao T, Wang Y. Understanding the mechanical properties of vanadium carbides: Nano-indentation measurement and first-principles calculations[J]. Journal of Alloy and Compounds, 2013, 548（25）: 60-64.

[36] Bon-Woong K, Jin C Y, Seung P H, et al. Experimental measurement of Young's modulus from a single crystalline cementite[J]. Scripta Materialia, 2014, 82: 25-28.

[37] Hirota K, Mitani K, Yoshinaka M, et al. Simultaneous synthesis and consolidation of chromium carbides（Cr_3C_2, Cr_7C_3 and $Cr_{23}C_6$）by pulsed electric-current pressure sintering[J]. Materials Science and Engineering A, 2005, 399（1-2）: 154-160.

[38] Umemoto M, Liu Z G, Tsuchika K et al. Influence of alloy additions on production and properties of bulk cementite[J]. Scripta Materialia, 2001, 45（4）: 391-397.

[39] Jian Y, Huang Z F, Xing J. Effects of chromium addition on fracture toughness and hardness of oriented bulk Fe_2B

crystals[J]. Materials Characterization, 2015, 110: 138-144.

[40] Ma S Q, Huang Z F, Xing J. Effect of crystal orientation on microstructure and properties of bulk Fe_2B intermetallic[J]. Journal of Materials Research, 2015, 30 (2): 257-265.

[41] Huang Z F, Ma S Q, Xing J. Bulk Cr_7C_3 compound fabricated by mechanical ball milling and plasma activated sintering[J]. International Journal of Refractory Metals and Hard Materials, 2014, 45: 204-211.

[42] Zheng B, Huang Z, Xing J. Three-body abrasive wear behavior of cementite with different chromium concentrations[J]. Tribology Letters, 2016, 61 (2): 1-11.

[43] Xiao B, Feng J, Zhou C T. Mechanical properties and chemical bonding characteristics of Cr_7C_3 type multicomponent carbides[J]. Journal of Applied Physics, 2011, 109 (2): 023507.

[44] Xiao B, Xing J D, Feng J. A comparative study of Cr_7C_3, Fe_3C and Fe_2B in cast iron both from ab initio calculations and experiments[J]. Journal of Physics D: Applied Physics, 2009, 42 (11): 115415.

[45] Fang C, Sluiter M H F, van Huis M A. Origin of predominance of cementite among iron carbides in steel at elevated temperature[J]. Physical Review Letters, 2010, 105 (5): 055503.

[46] Jiang C, Srinivasan S. G. Unexpected strain-stiffening in crystalline solids[J]. Nature, 2013, 496 (7445): 339-342.

[47] Lv Z, Dong F, Zhou Z, et al. Structural properties, phase stability and theoretical hardness of $Cr_{23-x}M_xC_6$ (M = Mo, W; $x = 0$-3) [J]. Journal of Alloys and Compounds, 2014, 607 (24): 207-214.

[48] Lv Z, Zhou Z, Sun S, Fu W. Phase stability, electronic and elastic properties of $Fe_{6-x}W_xC$ (x=0-6) from density functional theory[J]. Materials Chemistry and Physics, 2015, 164: 115-121.

[49] Xie J, Chen N, Shen J. Atomistic study on the structure and thermodynamic properties of Cr_7C_3, Mn_7C_3, Fe_7C_3[J], Acta Mater ialia, 2005, 53 (9): 2727-2732.

[50] Li Y F, Gao Y, Xiao B, et al. Theoretical study on the stability, elasticity, hardness and electronic structures of W-C binary compounds[J]. Journal of Alloys and Compounds, 2010, 502 (1): 28-37.

[51] Li Y F, Gao Y, Xiao B, et al. The electronic, mechanical properties and theoretical hardness of chromium carbides by first-principles calculations[J]. Journal of Alloys and Compounds, 2011, 509 (17): 5242-5249.

[52] Olson G B. Genomic materials design: The ferrous frontier[J]. Acta Materialia, 2013, 61 (3): 771-781.

[53] Olson G B. Computational design of hierarchically structured materials[J]. Science, 1997, 277 (5330): 1237-1242.

[54] Li D Z, Chen X Q, Fu P. Inclusion flotation-driven channel segregation in solidifying steels[J]. Nature Communications, 2014, 5 (5): 5572 (1-8).

[55] Liu P T, Xing W W, Cheng X Y, et al. Effects of dilute substitutional solutes on interstitial carbon in α-Fe: Interactions and associated carbon diffusion from first-principles calculations[J]. Physical Review B, 2014, 90 (2): 024103.

[56] Jones T E, Eberhart M E, Imlay S, et al. Better alloys with quantum design[J]. Physical Review Letters, 2012, 109 (12): 125506.

[57] Zhang H, Punkkinen M P J, Johansson B. Single-crystal elastic constants of ferromagnetic bcc Fe-based random alloys from first-principles theory[J]. Physical Review B, 2010, 81 (18): 184105.

[58] Razumovskiy V I, Ruban A V, Korzhavyi P A. Effect of temperature on the elastic anisotropy of pure Fe and

Fe$_{0.9}$Cr$_{0.1}$ random alloy[J]. Physical Review Letters, 2011, 107 (20): 205504.

[59] Donnelly E, Baker S P, Boskey A L. Effects of surface roughness and maximum load on the mechanical properties of cancellous bone measured by nanoindentation[J]. Journal of Biomedical Materials Research Part A, 2006, 77 (2): 426-435.

[60] Segall M D, Lindan P J D, Probert M J. First-principles simulation: Ideas, illustrations and the CASTEP code[J]. Journal of Physics: Condensed Matter, 2002, 14 (11): 2717-2743.

[61] Kittel C. Introduction to Solid State Physics[M]. New York: John Wiley & Sons Inc. , 1997.

[62] Mulliken R S. Electronic population analysis on LCAO-MO Molecular wave functions[J]. The Journal of Chemical Physics, 1955, 23 (10): 1833-1841.

[63] Chung D H, Buessem W R. The Voigt-Reuss-Hill approximation and elastic moduli of polycrystalline MgO, CaF$_2$, β-ZnS, ZnSe and CdTe[J]. Journal of Applied Physics, 1967, 38 (6): 2535-2540.

[64] Wu Z, Zhao E, Xiang H. Crystal structures and elastic properties of superhard IrN$_2$ and IrN$_3$ from first principles[J]. Physical Review B, 2007, 76 (5): 054115.

[65] Hearmon R F S. An introduction to applied anisotropic elasticity[J]. Physics Today, 1961, 14 (10): 48.

[66] Chen X Q, Niu H, Li D. Modeling hardness of polycrystalline materials and bulk metallic glasses[J]. Intermetallics, 2011, 19 (9): 1275-1281.

[67] Tian Y, Xu B, Zhao Z. Microscopic theory of hardness and design of novel superhard crystals[J]. International Journal of Refractory Metals and Hard Materials, 2012, 33 (33): 93-106.

[68] Gao F. Hardness estimation of complex oxide materials[J]. Physical Review B, 2004, 69 (9): 094113.

[69] Wang Y, Liu Z K, Chen L Q. Thermodynamic properties of Al, Ni, NiAl, and Ni$_3$Al from first-principles calculations[J]. Acta Materialia, 2004, 52 (9): 2665-2671.

[70] Baroni S, De Gironcoli S, Dal Corso A. Phonons and related crystal properties from density-functional perturbation theory[J]. Reviews of Modern Physics, 2001, 73 (2): 515-562.

[71] Togo A, Oba F, Tanaka I. First-principles calculations of the ferroelastic transition between rutile-type and CaCl$_2$-type SiO$_2$ at high pressures[J]. Physical Review B, 2008, 78 (13): 134106.

[72] Blanco M A, Francisco E, Luana V. GIBBS: Isothermal-isobaric thermodynamics of solids from energy curves using a quasi-harmonic Debye model[J]. Computer Physics Communication, 2004, 158 (1): 57-72.

[73] Grimvall G. Thermophysical Properties of Materials[M]. Amsterdam: Elsevier, 1999.

[74] Baroni S. Density Funcional Perturbaion Theory for Quasirharmonic Calculaions[C]. EPJ Web of Conferences, 2011, 14: 02001.

[75] Davies G F. Effective elastic moduli under hydrostatic stress-I. Quasi-harmonic theory[J]. Journal of Physics and Chemistry of Solids, 1974, 35 (11): 1513-1520.

[76] Slack G A. Nonmetallic crystals with high thermal conductivity[J]. Journal of Physics and Chemistry of Solids, 1973, 34 (2): 321-335.

[77] Belomestnykh V N, Tesleva E P. Interrelation between anharmonicity and lateral strain in quasi-isotropic polycrystalline solids[J]. Technical Physics, 2004, 49 (8): 1098-1100.

[78] Sanditov D S, Mashanov A A, Sanditov B D. Anharmonism of lattice vibrations and of acoustic wave propagation velocity in quasi-isotropic solids[J]. Technical Physics, 2011, 56 (5): 632-636.

[79] Clarke D R. Materials selection guidelines for low thermal conductivity thermal barrier coatings[J]. Surface and Coatings Technology, 2003, 163 (2): 67-74.

[80] Cahill D G, Watson S K, Pohl R O. Lower limit to the thermal conductivity of disordered crystals[J]. Physical Review B, 1992, 46 (10): 6131-6140.

[81] Kittel C. Introduction to Solid State Physics[M]. 7th ed. New York: John Wiley & Sons Inc, 1996.

[82] Brugger K. Pure modes for elastic waves in crystals[J]. Journal of Applied Physics, 1965, 36 (3): 759-768.

[83] Goetsch R J, Anand V K, Pandey A. Structural, thermal, magnetic, and electronic transport properties of the LaNi$_2$ (Ge$-$P$_x$) 2 system[J]. Physical Review B, 2012, 85 (5): 054517.

[84] Han J J, Wang C P, Liu X J. First-principles calculation of structural, mechanical, magnetic and thermodynamic properties for γ-M23C6 (M = Fe, Cr) compounds[J]. Journal of Physics: Condensed Matter, 2012, 24 (50): 505503.

[85] 郝石坚. 铬白口铸铁及其生产技术[M]. 北京: 冶金工业出版社, 2011.

[86] Hofer L J E, Cohn E M. Some reactions in the iron-carbon system: Application to the tempering of martensite[J]. Nature, 1951, 167 (4259): 977-978.

[87] Naraghi R, Selleby M, Ågren J. Thermodynamics of stable and metastable structures in Fe-C system[J]. Calphad, 2014, 46 (9): 148-158.

[88] Perdew J P, Burke K, Ernzerhof M. Generalized gradient approximation made simple[J]. Physical Review Letters, 1996, 77 (18): 3865-3868.

[89] Grimme S. Semiempirical GGA-type density functional constructed with a long‐range dispersion correction[J]. Journal of Computational Chemistry, 2006, 27 (15): 1787-1799.

[90] Henriksson K O E, Nordlund K. Simulations of cementite: An analytical potential for the Fe-C system[J]. Physical Review B, 2009, 79 (14): 144107.

[91] Henriksson K O E, Sandberg N, Wallenius J. Carbides in stainless steels: Results from ab initio investigations[J]. Applied Physics Letters, 2008, 93 (19): 191912.

[92] Deng C M, Huo C F, Bao L L, et al. Structure and stability of Fe$_4$C bulk and surfaces: A density functional theory study[J]. Chemical Physics Letters, 2007, 448 (1): 83-87.

[93] Guillermet A F, Grimvall G. Cohesive properties and vibrational entropy of 3d-transition metal carbides[J]. Journal of Physics and Chemistry of Solids, 1992, 53 (1): 105-125.

[94] Fang C M, van Huis M A, Sluiter M H F, et al. Stability, structure and electronic properties of γ-Fe$_{23}$C$_6$ from first-principles theory[J]. Acta Materialia, 2010, 58 (8): 2968-2977.

[95] Fang C M, van Huis M A, Jansen J. Role of carbon and nitrogen in Fe$_2$C and Fe$_2$N from first-principles calculations[J]. Physical Review B, 2011, 84 (9): 094102.

[96] Faraoun H I, Zhang Y D, Esling C. Crystalline, electronic, and magnetic structures of θ-Fe$_3$C, χ-Fe$_5$C$_2$, and η-Fe$_2$C from first principle calculation[J]. Journal of Applied Physics, 2006, 99 (9): 093508.

[97] Hirotsu Y, Nagakura S. Crystal structure and morphology of the carbide precipitated from martensitic high carbon

steel during the first stage of tempering[J]. Acta Metallurgica, 1972, 20 (4): 645-655.

[98] Wood I G, Vocadlo L, Knight K S. Thermal expansion and crystal structure of cementite, Fe$_3$C, between 4 and 600 K determined by time-of-flight neutron powder diffraction[J]. Journal of Applied Crystallography, 2004, 37 (1): 82-90.

[99] Liyanage L S I, Kim S G, Houze J. Structural, elastic, and thermal properties of cementite (Fe$_3$C) calculated using a modified embedded atom method[J]. Physical Review B, 2014, 89 (9): 094102.

[100] Lee B J, Lee T H, Kim S J. A modified embedded-atom method interatomic potential for the Fe-N system: A comparative study with the Fe-C system[J]. Acta Materialia, 2006, 54 (17): 4597-4607.

[101] Jiang C, Srinivasan S G, Caro A, et al. Structural, elastic, and electronic properties of Fe$_3$C from first principles[J]. Journal of Applied Physics, 2008, 103 (4): 043502.

[102] Fang C M, van Huis M A, Zandbergen H W. Structural, electronic, and magnetic properties of iron carbide Fe$_7$C$_3$ phases from first-principles theory[J]. Physical Review B, 2009, 80 (22): 224108.

[103] Kowalski M. Polytypic structures of (Cr,Fe)$_7$C$_3$ carbides[J]. Journal of Applied Crystallography, 1985, 18 (6): 430-435.

[104] Herbstein F H, Snyman J A. Identification of Eckstrom-Adcock iron carbide as Fe$_7$C$_3$[J]. Inorganic Chemistry, 1964, 3 (6): 894-896.

[105] Lv Z Q, Zhang F C, Sun S H. First-principles study on the mechanical, electronic and magnetic properties of Fe$_3$C[J]. Computational Materials Science, 2008, 44 (2): 690-694.

[106] Fang C M, van Huis M A, Zandbergen H W. Structure and stability of Fe$_2$C phases from density-functional theory calculations[J]. Scripta Materialia, 2010, 63 (4): 418-421.

[107] Basinski Z S, Hume-Rothery W, Sutton A L. The lattice expansive of iron[J]. Proceedings of the Royal. Socciety London, 1955, 229 (1179): 459-467.

[108] Zhang Y, Wang Z, Cao J. Stability, elastic and magnetostrictive properties of γ-Fe$_4$C and its derivatives from first principles theory[J]. Journal of Magnetism and Magnetic Materials, 2014, 368: 25-28.

[109] Fang C M, van Huis M A, Zandbergen H W. Stability and structures of the ε-phases of iron nitrides and iron carbides from first principles[J]. Scripta Materialia, 2011, 64 (3): 296-299.

[110] Sinclair C W, Perez M, Veiga R G A, Weck A. Molecular dynamics study of the ordering of carbon in highly supersaturated α-Fe[J]. Physical Review B, 2010, 81 (81): 224204.

[111] Nikolussi M, Shang S L, Gressmann T. Extreme elastic anisotropy of cementite, Fe$_3$C: First-principles calculations and experimental evidence[J]. Scripta Materialia, 2008, 59 (8): 814-817.

[112] Huang L, Skorodumova N V, Belonoshko A B. Carbon in iron phases under high pressure[J]. Geophysical Research Letters, 2005, 32 (21): L21314.

[113] Sata N, Hirose K, Shen G. Compression of FeSi, Fe$_3$C, Fe$_{0.95}$O, and FeS under the core pressures and implication for light element in the Earth's core[J]. Journal of Geophysical Research: Solid Earth, 2010, 115: B09204(1-13).

[114] Nakajima Y, Takahashi E, Sata N. Thermoelastic property and high-pressure stability of Fe$_7$C$_3$: Implication for iron-carbide in the Earth's core[J]. American Mineralogist, 2011, 96 (7): 1158-1165.

[115] Mookherjee M. Elasticity and anisotropy of Fe$_3$C at high pressures[J]. American Mineralogist, 2011, 96 (10):

1530-1536.

[116] Xie J, Shen J, Chen N. Site preference and mechanical properties of $Cr_{23-x}T_xC_6$ and $Fe_{21}T_2C_6$ (T= Mo, W)[J]. Acta Materialia, 2006, 54（18）: 4653-4658.

[117] Zhou C T, Xiao B, Feng J, et al. First principles study on the elastic properties and electronic structures of(Fe, Cr)$_3$C[J]. Computational Materials Science, 2009, 45（4）: 986-992.

[118] Adams J J, Agosta D S, Leisure R G, et al. Elastic constants of monocrystal iron from 3 to 500 K[J]. Journal of Applied Physics, 2006, 100（11）: 113530(1-7).

[119] Pierre D. Graphite and Precursors[M]. Boca Raton: CRC Press, 2000.

[120] Blakslee O L, Proctor D G, Seldin E J. Elastic constants of compression-annealed pyrolytic graphite[J]. Journal of Applied Physics, 1970, 41（8）: 3373-3382.

[121] Shang S L, Bottger A J, Liu Z K. The influence of interstitial distribution on phase stability and properties of hexagonal ε-Fe_6C_x, ε-Fe_6N_y and ε-$Fe_6C_xN_y$ phases: A first-principles calculation[J]. Acta Materialia, 2008, 56（4）: 719-725.

[122] Chong X Y, Jiang Y H, Zhou R, et al. Electronic structures mechanical and thermal properties of V-C binary compounds[J]. RSC Advances, 2014, 4（85）: 44959-44971.

[123] Dragoni D, Ceresoli D, Marzari N. Thermoelastic properties of α-iron from first-principles[J]. Physical Review B, 2015, 91（10）: 104105.

[124] Grigoriev I S, Meilikhov E Z, Radzig A A. Handbook of Physical Quantities[M]. Boca Raton: CRC press, 1997.

[125] Reed R C, Root J H. Determination of the temperature dependence of the lattice parameters of cementite by neutron diffraction[J]. Scripta Materialia, 1997, 38（1）: 95-99.

[126] Dick A, Körmann F, Hickel T. Ab initio based determination of thermodynamic properties of cementite including vibronic, magnetic, and electronic excitations[J]. Physical Review B, 2011, 84（12）: 125101.

[127] Göhring H, Leineweber A, Mittemeijer E J. A thermodynamic model for non-stoichiometric cementite; the Fe–C phase diagram[J]. Calphad, 2016, 52: 38-46.

[128] Naeser G. Die spezifische Wärme des Eisenkarbides Fe$_3$C[M]. Berlin: Verlag Stahleisen, 1934.

[129] Andes R V. The heat capacity of iron carbide[J]. Jour. Sci, 1936, 11: 26.

[130] Litasov K D, Sharygin I S, Dorogokupets P I. Thermal equation of state and thermodynamic properties of iron carbide Fe$_3$C to 31 GPa and 1473 K[J]. Journal of Geophysical Research: Solid Earth, 2013, 118（10）: 5274-5284.

[131] Perdew J P, Ruzsinszky A, Csonka G I. Restoring the density-gradient expansion for exchange in solids and surfaces[J]. Physical Review Letters, 2008, 100（13）: 136406.

[132] Xiao B, Feng J, Zhou C T. First principles study on the electronic structures and stability of Cr_7C_3 type multi-component carbides[J]. Chemical Physics Letters, 2008, 459（1）: 129-132.

[133] Toth L E. Transition Metal Carbides and Nitrides[M]. 5th ed. New York and London: Academic Press, 1971.

[134] Zhao Z, Zuo H, Liu Y. Effects of additives on synthesis of vanadium carbide（V_8C_7）nanopowders by thermal processing of the precursor[J]. International Journal of Refractory Metals and Hard Materials, 2009, 27（6）: 971-975.

[135] Yan L, Wu E. The preparation of ultrafine V_8C_7 powder and its phase reactions[J]. International Journal of

Refractory Metals and Hard Materials, 2007, 25（2）: 125-129.

[136] Nakamura K, Yashima M. Crystal structure of NaCl-type transition metal monocarbides MC（M= V, Ti, Nb, Ta, Hf, Zr）, a neutron powder diffraction study[J]. Materials Science and Engineering B, 2008, 148（1）: 69-72.

[137] Rafaja D, Lengauer W, Ettmayer P. Rietveld analysis of the ordering in V_8C_7[J]. Journal of Alloys and Compounds, 1998, 269（1）: 60-62.

[138] Cenzual K, Gelato L M, Penzo M. Inorganic structure types with revised space groups. I[J]. Acta Crystallographica Section B: Structural Science, 1991, 47（4）: 433-439.

[139] Bandow S, Saito Y. Encapsulation of ZrC and V_4C_3 in graphite nanoballs via arc burning of metal carbides/graphite composites[J]. Japanese Journal of Applied Physics, 1993, 32（11B）: 1677-1680.

[140] Khaenko B V. X-ray study of the crystal structure of carbide V_2C rhombic modification[J]. Dopovidi Akademii Nauk Ukrainskoi Rsr Seriya A, 1979,（5）: 385-389.

[141] Lönnberg B. Thermal expansion studies on the subcarbides of group V and VI transition metals[J]. Journal of the Less Common Metals, 1986, 120（1）: 135-146.

[142] Barin I, Knacke O. Thermochemical Properties of Inorganic Substances（B）[M]. Berlin: Springer-Verlag, 1973.

[143] Wolf W, Podloucky R, Antretter T. First-principles study of elastic and thermal properties of refractory carbides and nitrides[J]. Philosophical Magazine B, 1999, 79（6）: 839-858.

[144] Sun Z, Ahuja R, Lowther J E. Mechanical properties of vanadium carbide and a ternary vanadium tungsten carbide[J]. Solid State Communications, 2010, 150（15）: 697-700.

[145] Pierson H O. Handbook of Refractory Carbides & Nitrides: Properties, Characteristics, Processing and Apps[M]. New York: William Andrew, 1996.

[146] Abderrahim F Z, Faraoun H I, Ouahrani T. Structure, bonding and stability of semi-carbides M_2C and sub-carbides M_4C（M= V, Cr, Nb, Mo, Ta, W）: A first principles investigation[J]. Physica B: Condensed Matter, 2012, 407（18）: 3833-3838.

[147] Hu J, Li C, Wang F. Thermodynamic re-assessment of the V-C system[J]. Journal of Alloys and Compounds, 2006, 421（1）: 120-127.

[148] Lipatnikov V N, Lengauer W, Ettmayer P. Effects of vacancy ordering on structure and properties of vanadium carbide[J]. Journal of Alloys and Compounds, 1997, 261（1）: 192-197.

[149] Krzanowski J E, Leuchtner R E. Chemical, mechanical, and tribological properties of Pulsed-Laser-Deposited titanium carbide and vanadium carbide[J]. Journal of the American Ceramic Society, 1997, 80（5）: 1277-1280.

[150] Lu X G, Selleby M, Sundman B. Calculations of thermophysical properties of cubic carbides and nitrides using the Debye-Grüneisen model[J]. Acta Materialia, 2007, 55（4）: 1215-1226.

[151] Huang W. Thermodynamic properties of the Fe-Mn-VC system[J]. Metallurgical Transactions A, 1991, 22（9）: 1911-1920.

[152] Lipatnikov V N, Gusev A I, Ettmayer P. Phase transformations in non-stoichiometric vanadium carbide[J]. Journal of Physics: Condensed Matter, 1999, 11（1）: 163-184.

[153] Shacklette L W, Williams W S. Influence of order-disorder transformations on the electrical resistivity of vanadium

carbide[J]. Physical Review B, 1973, 7（12）: 5041-5053.

[154] Fine M E, Brown L D, Marcus H L. Elastic constants versus melting temperature in metals[J]. Scripta Metallurgica, 1984, 18（9）: 951-956.

[155] Fahrenholtz W G, Hilmas G E, Talmy I G. Refractory diborides of zirconium and hafnium[J]. Journal of the American Ceramic Society, 2007, 90（5）: 1347-1364

附录 相关图表

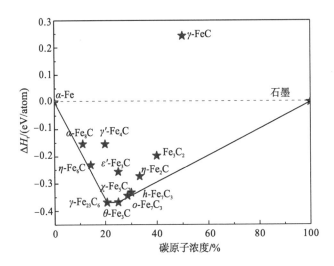

附图 1　不考虑自旋极化时 Fe-C 相的形成焓凸型图

附表 1　Fe-C 相的 Mulliken 布居数分析结果及计算得到的平均键长 $\left(\overline{L}(AB)\right)$、

平均布居数 $(\overline{n}_{AB})$、每个原子的净成键电子和价电子密度

种类	原子	s	p	d	总数	$Q_m(A)/e$	键	$\overline{L}(AB)$ /Å	$\overline{n}_{AB}$ /e	净成键电子	磁矩 /$(\mu_B/em\mu)$	价电子密度/Å³
γ-FeC	C	1.52	3.08	0.00	4.59	−0.59	C—Fe	1.96	0.75	9.00	0	1.329
	Fe	0.16	0.43	6.82	7.41	0.59	Fe—Fe	2.77	−0.21	−1.26		
							C—C	2.77	−0.09	0.54		
γ'-Fe$_4$C	C	1.50	3.24	0.00	4.75	−0.75	C—Fe	1.81	0.59	1.77	1.91	1.267
	Fe	0.63	0.71	6.64	7.98	0.02	Fe—Fe	2.56	−0.15	−0.90		
	Fe	0.52	0.47	6.77	7.76	0.24						
γ-Fe$_4$C	C	1.50	3.25	0.00	4.75	−0.75	C—Fe	1.87	0.65	1.95	1.60	1.255
	Fe	0.57	0.90	6.49	7.96	0.04	Fe—Fe	2.64	−0.59	−1.77		
	Fe	0.42	0.62	6.73	7.76	0.24	Fe—Fe	2.64	0.49	1.47		
η-Fe$_6$C	C	1.47	3.17	0.00	4.64	−0.64	C—Fe	2.46	0.195	37.44	1.65	1.317
	Fe	0.87	−0.05	6.70	7.52	0.48	Fe—Fe	2.52	0.165	102.72		
	Fe	0.86	0.26	6.70	7.82	0.18						
	Fe	0.56	0.77	6.74	8.07	−0.07						

续表

种类	原子	s	p	d	总数	$Q_m(A)/e$	键	$\bar{L}(AB)$ /Å	$\bar{n}_{AB}$ /e	净成键电子	磁矩 /(μ_B/emμ)	价电子密度/Å³
γ-Fe$_{23}$C$_6$	C	1.46	3.26	0.00	4.72	-0.72	C—Fe	2.09	0.30	64.8	0.70	1.363
	Fe	0.89	0.46	6.71	8.06	-0.06	Fe—Fe	2.49	0.05	26		
	Fe	0.79	0.90	6.66	8.35	-0.35						
	Fe	0.53	0.30	6.75	7.58	0.42						
	Fe	0.64	0.49	6.72	7.85	0.15						
η-Fe$_2$C	C	1.47	3.21	0.00	4.68	-0.68	C—Fe	1.88	0.44	3.52	1.25	1.290
	Fe	0.35	0.52	6.79	7.66	0.34	Fe—Fe	2.58	-0.31	-1.84		
θ-Fe$_3$C	C	1.46	3.23	0.00	4.69	-0.69	C—Fe	2.02	0.28	8.96	1.51	1.374
	Fe	0.59	0.41	6.74	7.74	0.26	Fe—Fe	2.47	-0.134	-6.7		
	Fe	0.57	0.51	6.75	7.82	0.18	C—C	2.92	-0.07	-0.14		
Fe$_3$C$_2$	C	1.48	3.16	0.00	4.64	-0.64	C—Fe	2.09	0.43	17.16	0.99	1.362
	C	1.48	3.13	0.00	4.61	-0.61	Fe—Fe	2.54	-0.38	-11.40		
	Fe	0.43	0.52	6.77	7.73	0.27	C—C	2.90	-0.04	-0.44		
	Fe	0.36	0.33	6.78	7.48	0.52						
	Fe	0.38	0.38	6.78	7.54	0.46						
o-Fe$_7$C$_3$	C	1.46	3.22	0.00	4.68	-0.68	C—Fe	2.04	0.30	28.96	1.47	1.372
	Fe	0.55	0.37	6.76	7.67	0.33	Fe—Fe	2.50	-0.05	-6.82		
	Fe	0.47	0.49	6.75	7.71	0.29	C—C	2.93	-0.03	-0.12		
	Fe	0.56	0.38	6.75	7.69	0.31						
	Fe	0.53	0.46	6.77	7.77	0.23						
	Fe	0.45	0.51	6.76	7.72	0.28						
ε'-Fe$_2$C	C	1.57	3.00	0.00	4.57	-0.57	C—Fe	2.09	1.23	4.92	1.19	1.154
	Fe	0.54	0.41	6.75	7.71	0.29	Fe—Fe	2.31	0.22	0.86		
							C—C	2.54	-0.13	-0.13		
ε-Fe$_2$C	C	1.49	3.21	0.00	4.70	-0.70	C—Fe	1.91	0.29	3.48	1.12	1.189
	C	1.49	3.26	0.00	4.75	-0.75	C—Fe	1.92	0.31	1.86		
	Fe	0.30	0.64	6.71	7.64	0.36	Fe—Fe	2.64	-0.23	-0.69		
							Fe—Fe	2.68	-0.27	-1.62		
							Fe—Fe	2.74	0.33	1.98		
ε-Fe$_{24}$C$_{10}$	C	1.49	3.23	0.00	4.72	-0.72	C—Fe	1.90	0.36	4.32	1.35	1.209
	C	1.49	3.26	0.00	4.76	-0.76	C—Fe	1.90	0.38	4.56		
	C	1.48	3.26	0.00	4.74	-0.74	C—Fe	1.91	0.36	4.32		
	Fe	0.30	0.67	6.70	7.67	0.33	C—Fe	1.93	0.37	2.22		
	Fe	0.37	0.70	6.65	7.72	0.28	C—Fe	1.93	0.35	2.10		
	Fe	0.31	0.67	6.68	7.66	0.34	C—Fe	1.94	0.33	3.96		

续表

种类	原子	s	p	d	总数	$Q_m(A)/e$	键	$\overline{L}(AB)$ /Å	$\overline{n}_{AB}$ /e	净成键电子	磁矩 /(μ_B/emμ)	价电子密度/Å³
							Fe—Fe	2.55	0.18	1.08		
							Fe—Fe	2.55	0.22	2.64		
							Fe—Fe	2.61	0.05	0.30		
							Fe—Fe	2.64	0.09	1.08		
							Fe—Fe	2.66	0.13	0.78		
							Fe—Fe	2.68	0.06	0.36		
							Fe—Fe	2.69	0.12	1.44		
							Fe—Fe	2.73	0.10	0.60		
							Fe—Fe	2.73	0.07	0.42		
							Fe—Fe	2.73	0.08	0.48		
ε-Fe$_3$C	C	1.49	3.25	0.00	4.74	−0.74	C—Fe	1.90	0.29	3.48	1.48	1.286
	Fe	0.40	0.68	6.67	7.75	0.25	Fe—Fe	2.57	0.48	2.88		
							Fe—Fe	2.61	−0.19	−1.14		
							Fe—Fe	2.71	−0.27	−0.81		
ε'-Fe$_3$C	C	1.48	3.23	0.00	4.71	−0.71	C—Fe	1.85	0.27	3.24	1.68	1.292
	Fe	0.49	0.53	6.75	7.76	0.24	Fe—Fe	2.58	0.01	0.09		
h-Fe$_7$C$_3$	C	1.46	3.21	0.00	4.67	−0.67	C—Fe	2.05	0.29	14.04	1.40	1.368
	Fe	0.55	0.50	6.75	7.81	0.19	Fe—Fe	2.51	−0.08	−5.31		
	Fe	0.56	0.39	6.75	7.71	0.29	C—C	2.91	−0.03	−0.18		
	Fe	0.44	0.48	6.77	7.69	0.31						
α-Fe$_8$C	C	1.50	3.08	0.00	4.58	−0.58	C—Fe	1.76	0.50	2.00	0	1.287
	Fe	0.66	0.57	6.75	7.98	0.02	Fe—Fe	2.45	0.06	−1.18		
	Fe	0.80	0.38	6.70	7.88	0.12						
α-Fe$_{16}$C$_2$	C	1.49	3.23	0.00	4.72	−0.72	C—Fe	1.82	0.43	1.72	2.10	1.352
	Fe	0.56	0.66	6.65	7.87	0.13	C—Fe	1.93	0.39	3.12		
	Fe	0.53	0.72	6.65	7.89	0.11	Fe—Fe	2.41	0.07	1.12		
	Fe	0.59	0.86	6.54	7.99	0.01	Fe—Fe	2.52	0.17	5.44		
							Fe—Fe	2.66	−0.03	−0.48		
							Fe—Fe	2.73	0.02	0.16		
							Fe—Fe	2.81	0.25	2.00		
χ-Fe$_5$C$_2$	C	1.46	3.22	0.00	4.69	−0.69	C—Fe	2.04	0.28	17.6	1.49	1.367
	Fe	0.53	0.54	6.75	7.82	0.18	Fe—Fe	2.49	−0.13	−10.8		
	Fe	0.57	0.41	6.75	7.73	0.27	C—C	2.95	−0.06	−0.24		
	Fe	0.45	0.29	6.78	7.53	0.47						

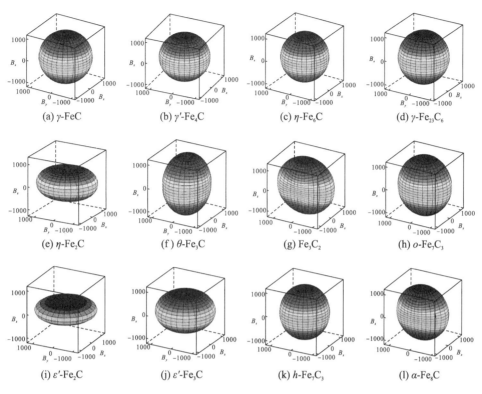

(a) γ-FeC　　　　(b) γ'-Fe$_4$C　　　　(c) η-Fe$_6$C　　　　(d) γ-Fe$_{23}$C$_6$

(e) η-Fe$_2$C　　　　(f) θ-Fe$_3$C　　　　(g) Fe$_3$C$_2$　　　　(h) o-Fe$_7$C$_3$

(i) ε'-Fe$_2$C　　　　(j) ε'-Fe$_3$C　　　　(k) h-Fe$_7$C$_3$　　　　(l) α-Fe$_8$C

附图 2　Fe-C 相体模量各向异性的三维曲面图

图中体模量的单位为 GPa

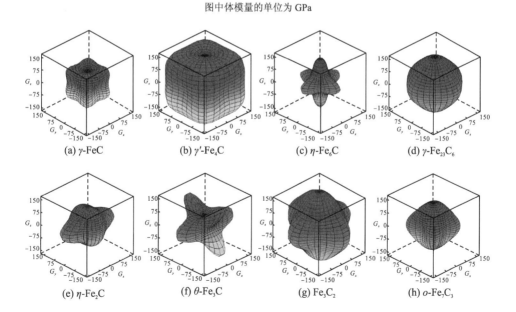

(a) γ-FeC　　　　(b) γ'-Fe$_4$C　　　　(c) η-Fe$_6$C　　　　(d) γ-Fe$_{23}$C$_6$

(e) η-Fe$_2$C　　　　(f) θ-Fe$_3$C　　　　(g) Fe$_3$C$_2$　　　　(h) o-Fe$_7$C$_3$

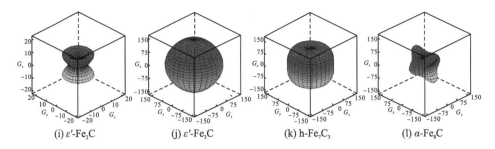

(i) ε'-Fe$_2$C　　　　　(j) ε'-Fe$_3$C　　　　　(k) h-Fe$_7$C$_3$　　　　　(l) α-Fe$_8$C

附图3　Fe-C 相剪切模量各向异性的三维曲面图

图中剪切模量的单位为 GPa

附表2　o-Cr$_7$C$_3$ 型多元碳化物精确的结构参数和原子坐标

物相	Cr$_7$C$_3$	Fe$_4$Cr$_3$C$_3$	Fe$_4$Cr$_3$C$_2$B	Fe$_3$Cr$_3$WC$_3$	Fe$_3$Cr$_3$MoC$_3$	Fe$_3$Cr$_3$WC$_2$B	Fe$_3$Cr$_3$MoC$_2$B
空间群	Pnma (62)	Pnma (62)	Pnma (62)	Pnma (62)	Pnma (62)	Pnma (62)	Pnma (62)
Z	4	4	4	4	4	4	4
体积/Å^3	375.304	357.102	362.135	379.828	378.128	384.878	383.639
密度 /(g/cm^3)	7.08	7.73	7.60	9.50	8.00	9.36	7.87
a/Å	4.165	4.518	4.496	4.471	4.462	4.459	4.455
b/Å	6.888	6.778	6.805	7.101	7.095	7.112	7.113
c/Å	12.092	11.662	11.836	11.963	11.945	12.136	12.107
4c	Cr(0.05994, 0.25, 0.62662)	Fe(0.07518, 0.25, 0.62543)	Fe(0.04846, 0.25, 0.62843)	W(0.05400, 0.25, 0.63432)	Mo(0.05371, 0.25, 0.63375)	W(0.03005, 0.25, 0.63393)	Mo(0.03045, 0.25, 0.63424)
4c	Cr(0.22743, 0.25, 0.20649)	Fe(0.27944, 0.25, 0.19952)	Fe(0.30527, 0.25, 0.19524)	Fe(0.28096, 0.25, 0.20491)	Fe(0.27924, 0.25, 0.20440)	Fe(0.27033, 0.25, 0.20559)	Fe(0.26822, 0.25, 0.20500)
4c	Cr(0.24344, 0.25, 0.41778)	Cr(0.27089, 0.25, 0.41148)	Cr(0.30420, 0.25, 0.40004)	Cr(0.26101, 0.25, 0.41749)	Cr(0.26295, 0.25, 0.41765)	Cr(0.25215, 0.25, 0.41687)	Cr(0.25360, 0.25, 0.41652)
8d	Cr(0.06887, 0.06608, 0.81299)	Fe(0.07159, 0.06166, 0.80965)	Fe(0.04590, 0.05796, 0.80445)	Fe(0.07874, 0.06068, 0.81513)	Fe(0.07745, 0.05917, 0.81491)	Fe(0.07575, 0.04904, 0.81134)	Fe(0.07564, 0.04635, 0.81163)
8d	Cr(0.24693, 0.06637, 0.02532)	Cr(0.24987, 0.06831, 0.01733)	Cr(0.24415, 0.05842, 0.01976)	Cr(0.24539, 0.06656, 0.02721)	Cr(0.24606, 0.06631, 0.02697)	Cr(0.24560, 0.05692, 0.03112)	Cr(0.24575, 0.05704, 0.03069)
4c	C(0.46728, 0.25, 0.56066)	C(0.46387, 0.25, 0.56956)	B(0.45073, 0.25, 0.56830)	C(0.49112, 0.25, 0.56652)	C(0.49401, 0.25, 0.56758)	B(0.49808, 0.25, 0.56785)	B(0.49693, 0.25, 0.56865)
8d	C(0.02286, 0.03555, 0.34039)	C(0.03563, 0.02229, 0.34739)	C(0.05600, 0.02067, 0.35510)	C(0.02646, 0.04447, 0.34106)	C(0.02775, 0.04420, 0.34072)	C(0.02622, 0.04518, 0.33970)	C(0.02659, 0.04471, 0.33954)

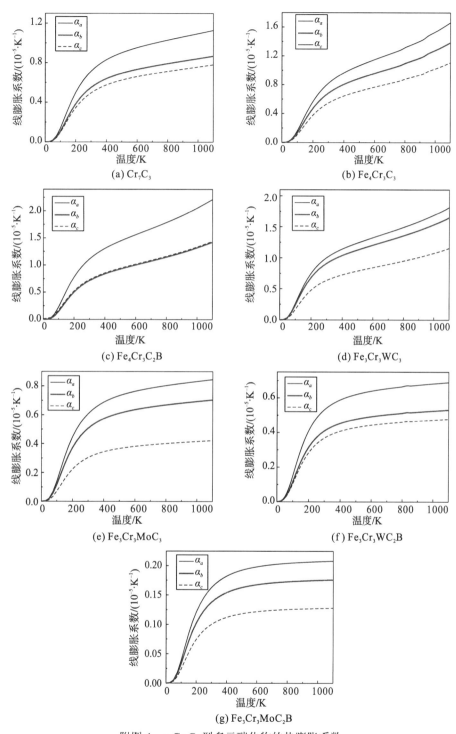

(a) Cr_7C_3

(b) $Fe_4Cr_3C_3$

(c) $Fe_4Cr_3C_2B$

(d) $Fe_3Cr_3WC_3$

(e) $Fe_3Cr_3MoC_3$

(f) $Fe_3Cr_3WC_2B$

(g) $Fe_3Cr_3MoC_2B$

附图 4　o-Cr_7C_3 型多元碳化物的热膨胀系数

沿[100]方向的线膨胀系数 α_a，沿[010]方向的线膨胀系数 α_b，沿[001]方向的线膨胀系数 α_c